薄荷实验
Think As The Natives

张静红 著

普洱茶的山林、市井和江湖

生熟有道

Ways of
Being Raw
and Cooked
The *Jianghu* of
Puer Tea

华东师范大学出版社

·上海·

图书在版编目（CIP）数据

生熟有道：普洱茶的山林、市井和江湖 / 张静红著
. —上海：华东师范大学出版社，2023
ISBN 978 - 7 - 5760 - 4028 - 9

Ⅰ.①生… Ⅱ.①张… Ⅲ.①普洱茶－茶文化 Ⅳ.
①TS971.21

中国国家版本馆 CIP 数据核字（2023）第 131695 号

生熟有道：普洱茶的山林、市井和江湖

著　　者　张静红
策划编辑　顾晓清
责任编辑　赵万芬
责任校对　周爱慧　时东明
装帧设计　周伟伟
审 图 号　GS(2022)5127 号

出版发行　华东师范大学出版社
社　　址　上海市中山北路 3663 号　邮编 200062
网　　址　www.ecnupress.com.cn
客服电话　021 - 62865537
网　　店　http://hdsdcbs.tmall.com

印 刷 者　苏州工业园区美柯乐制版印务有限公司
开　　本　890 毫米×1240 毫米　32 开
印　　张　9.625
字　　数　186 千字
版　　次　2023 年 11 月第 1 版
印　　次　2023 年 11 月第 1 次
书　　号　ISBN 978 - 7 - 5760 - 4028 - 9
定　　价　75.00 元

出 版 人　王　焰

（如发现本版图书有印订质量问题，请寄回本社客服中心调换或电话 021 - 62865537 联系）

致谢并自序

　　常有人问我为何选择普洱茶作为研究课题。我说，假如生长在福建，那么我选择研究的多半便是乌龙茶。而借由普洱茶，并借助人类学的方法，我看见了一个熟悉又陌生的故乡——云南。我对茶的好奇和喜爱之心可能一直潜伏，不过直到研究生阶段在云南大学遇到木霁弘老师，跟随走过他和他的朋友们所命名的"茶马古道"，云南和普洱茶才开始在我的心头慢慢有了意味。木老师从未建议过我应不应该研究普洱茶，他只是说，茶的世界很大，要亲自走过看过，才知道自己喜欢或不喜欢什么。希望他读到这本书时，能够开心一笑。

　　"回望故乡"意味着"转熟为生"，需要跳出自己熟悉的场域，站在另一个文化的视角，以关爱但又不无反思的眼光来重新审视本土文化，这是我最早选择以普洱茶作为博士论文题目的初衷。澳大利亚国立大学的安德鲁·沃克（Andrew Walker）教授，在听完我充满诚意、但是英语和学术都还明显生青不熟的表述不久之后，接纳我成为他的博士研究生。在随后的年月里，安德鲁以他严谨与宽容并重的态度、因材施教的方法，一步一步指导我拣选、分类、提炼，让一部关于普洱茶的文字最终杀青再进而发酵，"由生转熟"。安德鲁是人类学领域的东南亚专家，尤以关于泰国的研究而著称。云南也在他的研究范围之内，但他从不自称为中国研究专家。然而我觉得安德鲁的身上从不缺少中国人的"茶气"。当我意识到"江湖"可能是我解读普洱茶的一把钥匙时，是他第一个支持我的这种想法，并鼓励我对这个概念作进一步深入探讨。

"江湖"不是一个既定的人类学理论议题，但是当我选择以它作为全书核心概念、以之与相关的西方理论概念进行对话的时候，有一种非其莫属的感觉。在茶山和茶市进行田野调查的我，时时感觉到自己正在闯荡一个江湖；坐在书斋里静静沉思的我，觉得自己暂时栖居避退，成了一个江湖隐者；而当我预见这本书可能遇到的读者反应时，仿佛已经嗅到了又一种江湖气息。

对于非人类学研究领域的读者，我特别想要说明的一点是：本书旨在提供一种思考普洱茶的方式，而非在于介绍普洱茶的知识谱系。如果是为了后者的话，我并不能比我在书中引用过的诸多茶界前辈专家们做得更好。因为江湖纷争，普洱茶其实很难用纯粹"清楚""统一"和"最真实"的方式来表述。不过在"江湖"的框架之下，我尝试借由民族志本身的叙述逻辑、结构和细节来表达个人思想。民族志叙述和人类学理论孰轻孰重，学界时有争论。就我个人研究和写作的体验而言，写不好的人类学理论可能是被迫的"牵强发声",而写得好的民族志则绝非纯粹的"客观叙述"。同理,我的另外两位老师、影视人类学家朱迪斯·麦克杜格尔(Judith MacDougall)和大卫·麦克杜格尔(David MacDougall),在指导我拍摄制作人类学电影的过程中,不断启发我如何通过镜头章法娓娓叙事,以展现而非告知的方式,引领观众慢慢体会电影可能寓含的意义。

本书的基础是我于 2006 至 2011 年间在澳大利亚国立大学以英文完成的博士论文。该论文经修改于 2014 年成书,由华盛顿大学出版社出版(题名为 *Puer Tea: Ancient Caravans and Urban Chic*)。本书汲取了英文版的理论框架和主体内容,以中文重写,增补了以前在英文里言未尽意的内容,续添了数年之间普洱茶世界又新生的诸多变化,并因读者对象的不同而调整了讲述的方式。感谢华东师范大学出版社的顾晓清,她以非凡的热情和敬业精神,鞭策我耕耘写作。如果不是她的激赏和信任,这本书可能还只是安睡在英文世界里。

英文和中文写作的思维方式有异,引发千头万绪。但是不论是英文还是中文写作,我都离不开一杯普洱茶的陪伴。这杯茶把我带入同样的人间烟火,特别是让我时时忆起我最重要的田野点,云南西双版纳的易武。每当有人问我最喜欢喝的是什么茶,我总会毫不犹豫地回答说,是易武的茶。这绝非因为其他地方没有上好的茶,而只是因为在田野调查中,我在易武待得最长,已经习得了易武茶的滋味,已经和那个地方的山山水水建立起了亲密的联系。如果没有那里父老乡亲的照顾，我是无法完成这本书的。

我一路走来所遇到的诸多茶师茶友，他们恰如江湖侠客，秉性脾气各各不同，许多已经以匿名的方式出现在我的文字里；他们有的可能愿意、有的可能不愿意我在此指名道姓。而要感谢的人其实太多，无法一一罗列。期待本书付梓之后，能有机会当面向他们奉上谢意，以茶会友，再叙情谊。

目 录

导论

引　言

在田野调查中，对每一位被访者，我基本都提过这样一个问题：你从什么时候开始接触普洱茶？少数人回答说从小到大；绝大多数回答说二零零几年；更不乏有人回答说记忆不清，因为这个茶似乎一直存在，又似乎是一夜之间才突然出了名。第三种回答往往最耐人寻味。个人记忆里的印象和味道，与普洱茶近年广为流传的公共形象交织在一起，界限混淆。作为一个云南人，每次自问同一问题，我也总有一种理不清剪还乱的感觉。即便是在这本书快要完成之际，每每遇到有人来追问到底什么是普洱茶，我都始终觉得这是一个不容易回答的问题。

我似乎很早就知道，普洱茶产自云南。但是和家人以及周围的朋友们一样，在相当长的时间里，我从来没有追问过普洱茶和云南的绿茶有什么不同。在我的记忆里，招待来客以及自己家里日常喝的，多是散装的云南绿茶。而普洱茶是紧压形的，是一种土特产，可以作为礼物送给省外的朋友。孩提时代第一次喝普洱茶的经历并不愉快。那大概是 20 世纪 80 年代末期，偶然在家里发现标识有"普洱沱茶"字样的一包东西，里面有若干个用棉纸紧裹的小球，每一个差不多有半个乒乓球大小。出于好奇，我剥开一个。茶叶紧锁如铁，无论如何无法用手掰开，只好整个地投入玻璃杯，倒进开水。一个紧锁时比较微小的东西，当被烫水解散开来之后，竟然膨胀无比，如同平时待客的散装绿茶放多了，飘得整个玻璃杯里上下都是。汤色黄绿，接近云南绿茶。喝一口，只觉又涩又苦，似乎还带着一股烟火气，完全无法下咽。

2002 年的时候，我第一次听说普洱茶是个好东西。那一年秋天，我加入一个纪录片剧组，来到云南南部的思茅（当时叫思茅，2007 年才改名普洱，本书用旧名）和西双版纳。剧组正在拍摄关于云南茶叶和茶人的纪录片。剧组的一名导演是个老北京，从昆明开始，他一路行一路喝普洱茶。他有高血压，说是喝普洱茶对降血压有好处，还可以助消化。我试着喝了几小杯他的普洱茶。这和我以前经历过的黄绿汤色的普洱沱茶不同。导演的茶，泡出来红黑而浓，稍浸过头便如墨汁。然而它并不怎么苦涩，容易下咽，最奇特的是它有一股我以前喝茶时从来没有闻到过的土腥味。剧组里另一个云南人悄悄说，他觉得那是一股霉味。因为导演和他的几个朋友一路讲述普洱茶的诸多好处，我们便逐渐觉得那种霉味兴许是种"正能量"。

再往南，到了西双版纳下面一个叫作易武的乡村。这里据称是历史上重要的普洱茶生产和集散地。当地人向我们展示了以传统手工方式压制圆形普洱茶饼的过程。无论是散毛茶，还是从紧压的茶饼撬下来的茶块，用热水泡开来后，汤色却并不是导演一路喝的那样红黑，而是黄绿色；它们闻起来有一股仿佛被太阳晒过的气息，显然和云南绿茶或者我之前尝过的普洱沱茶有着更大的相似性。剧组中有人把不知从哪儿得来的知识传递给我，说这种黄绿汤色的普洱茶，如果长时间存放，有朝一日就会变成红黑色，而后者才更有价值。

回到昆明后的见闻，似乎印证着这种说法。我突然之间发现，昆明的茶店里，普洱茶比比皆是。它们被紧压成各种各样的形状：圆饼、方砖、碗状、南瓜形，也有散茶（图 0.1、0.2、0.3）。我被告知，黄绿汤色的那种是普洱茶之一，叫生茶，性稍生寒，可以长时间存放；红黑汤色的那种则是熟茶，比较暖胃，也可以长时间存放。我还被告知，不论生茶还是熟茶，被长期存放以后，比如五年、十年，甚至更长年份，就被称为"老茶"，而判断普洱茶价格和价值的法则正是"越陈越香"。在昆明售卖普洱茶的人总是略带神秘地提到，昂贵的普洱老茶存在香港和台湾的收藏家手中，可遇而不可求。

和我一样，尚无从辨别清楚"生""熟"和"老"的许多消费者，又被卖家们告知普洱茶还有大树茶和台地茶之分，制作前者的是百年甚至千年的大茶树，长在深山老林、生态优良、茶质丰厚；后者种在低矮的灌木茶园、树龄偏小、生态欠佳。怎么辨别呢？其实许多商家也说不清楚，总之大树茶被视为稀缺资源。2002 年左右，大树茶和台地茶的差价还并不明显。2007 年前后，大树茶的价格是台地茶的四五倍。再往后来，直到今天，这个差价一路上升、有增无减。

图 0.1　圆饼形和蘑菇形普洱茶

图 0.2　砖形普洱茶

图 0.3　散普洱茶，也称毛茶

（除特别说明外，本书所用照片为作者拍摄）

普洱茶的分类令人晕头转向，而与此同时普洱茶的消费陷阱日益凸显。最严重的问题是假茶。何谓假呢？才生产出来两年不到的普洱生茶，被冠名为已经十二年；以台地茶为主要原料制作出来的茶饼，却被标注为"百年"甚至"千年"古树茶，以高价出售；从四川或者广西拉来的茶料做成的茶，被堂而皇之注明是"正宗云南普洱茶"，等等。总之，一片普洱茶被标注的信息有多真，价钱究竟是不是公道，很大程度上取决于消费者有没有能力和卖家周旋。

普洱茶的界定标准还不清楚，但对它的赞美不断，却已经是不争的事实。它的健康功效和文化价值被宣讲得饱满十足。茶所拥有的健康功能，普洱茶都有了，并被认为比一般的茶更能去脂减肥、美容抗癌。普洱茶"专家"层出不穷，纷纷为普洱茶的前世今生立书作传。普洱茶成为时尚新宠，它的制作、品饮、收藏、拍卖，都为媒体报道提供了绝佳的题材。普洱茶的文化营销和云南正在发展的少数民族文化旅游紧密相联，成为地方政府大力扶持的新兴经济支柱和文化产业。昆明以及全国各地的其他城市突然兴起了以普洱茶为主题的茶会。茶艺师们以精美的器具和手法展演普洱茶的冲泡、招待四方来客，以前曾经在古典书画里才看到的"斗茶"，一时间来到了现实世界。人们因普洱茶而聚散，因普洱茶而斗智斗勇，因普洱茶而感觉幸福或苦恼，因普洱茶不远万里去往原来被认为是蛮荒之地的云南的某个深山老林、边陲僻地，寻找最正宗的普洱茶。作为普洱茶产地的云南的若干乡村和茶山，从名不见经传到突然声名远扬，仿佛只在一夜之间。茶农富裕了，生活改善了。而茶乡的生态环境、生产消费、社会结构、文化传统，无不在变化中镌刻着这场从城市开始的普洱茶热浪所带来的深深印记。

2007 年是普洱茶纪年中特殊的一年。这一年春夏之交，普洱茶的价格、成交量、卷入的投资，还有特别值得一提的是大众的收藏热情，都达到了历史的新高。然后又在这一历史新高刚刚到来的时刻，猛然下跌。下跌幅度之大，与之前的上升形成了强烈对比，有人因此一夜之间倾家荡产，更多的人面对这一落差，心理无法承受，彷徨不安。许多年过去了，到今天，我还遇到不少人苦笑着告诉我，十多年前购买囤积、本想作为投资理财产品的普洱茶，现在还被存放在家里某个角落，不知如何处置。普洱茶价格的高低变幻，在随后的十来年中，不断重复出现。每个春天云南某座名山的普洱茶价格的涨跌，一直是茶商茶客们乐此不疲的话题。

为何普洱茶能从默默无闻的土特产品摇身一变成为赫赫有名的时尚新宠？为何有那么多的人不惜花费时间、精力和财力，寻找、收藏和研究它？为何在 2007 年左右它刚刚走红，却又坠入低谷、前途难测，继之又东山再起？为什么一方面人们大声疾呼，希望出台强有力的政策来规范普洱茶的概念、生产、流通和贸易，而与此同时，市场上以次充好的现象永难断绝？为什么普洱茶的定义总是莫衷一是、众说纷纭？茶农、茶商、消费者，在缺乏规范的条件下，如何找到生存的路子？

本书追溯普洱茶如何从一种普通的土特产被包装和建构成为一种时尚消费品的过程，同时力求发现这些包装和建构的声音如何遭遇挑战、如何被其他多种声音解构，乃至最后形成了普洱茶身份和定义之复杂和多元的局面。普洱茶现象为我们揭示了转型期的中国社会在不同的时间、空间以及人际关系网络里所发生的多层互动。就时间层面而言，普洱茶的流行现象发生在市场经济时代，但它又是对之前的计划经济时代以及半个多世纪以来中国社会生产和生活进程的某种历史回响；就空间层面而言，普洱茶故事包含着生产地和消费地的互动，特别是作为产茶地的云南和消费地的台湾、大珠三角地区之间的你来我往；就人际层面而言，普洱茶事件的每一个细节无不牵动着人情、人际交往和个体身份认同的纠结。各个层面上的互动发生在中国经济快速增长、社会结构和文化发生转型的时期，新的生产和消费取向不断涌现。但这些新的取向并非是完全意义上的新事物，而是从许多旧式中国文化的元素中杂糅整合而来。作为时尚新宠的普洱茶被称为"可以喝的古董"，明显体现了这种新旧杂合的文化倾向。

为了更好地诠释普洱茶热潮所附着的文化含义，我引入"江湖"这个中国概念，作为一个隐喻，同时也作为全书的思想主题和叙事框架。"江湖"在中国的武侠小说乃至日常生活里被时常提及，用于描述普洱茶世界之热闹而又纷繁复杂的局势也十分贴切。本书认为，理解中国江湖文化的本质，有助于解读今日普洱茶混乱的局面，乃至普洱茶的行动者们在混乱中解决问题的方式和策略。

阿尔君·阿帕杜莱（Arjun Appadurai，1986）等学者提出，可以依循"物"的生命史来探究其价值及交换过程，由此洞见

"物"本身所寓含的政治张力。受此启发，本书将追随普洱茶从生产到贸易到消费的"社会文化生命史"（social and cultural biography），提供多个田野点的个案调查。就生产地来说，我最重要的田野点是易武——云南西双版纳傣族自治州下面的一个乡（后改为镇）。我于 2007 年在这里进行了集中的田野调查，并于 2008 至 2019 年间断断续续地访问该地。这里与普洱茶有关的生产和生活史，浓缩代表了云南普洱茶生产制作的升落起伏。同时我也短期访问了另外两个重要的普洱茶生产地，即勐海（和易武同属西双版纳）及思茅（和西双版纳平行的云南下面的另一个行政区）。最近这些年里，这几个同属云南的产茶区为了争夺谁是最正宗的普洱茶产地而纷纷出招、各显神通。

就消费地来说，昆明是我重要的田野点，它是云南省的省会、普洱茶在西南地区重要的集散和消费地。此外，我短期访问了以香港、广州为代表的大珠三角地区以及台湾——它们是普洱茶重要的消费地，在普洱茶成名的过程中起到了关键作用，是普洱茶流转、囤积、收藏、品饮和风尚的引领之地。为了把这些从生产到消费的多个田野点有机串联起来，我采取的办法是，通过追随人、特别是茶商的流动，来追随"物"的流动。茶商们来自全国乃至世界而地，他们中许多人固定在每年的采茶时节来到像易武这样的地方收茶，然后到某些固定的集散地、消费地和茶市去卖茶。所以，在本书的叙事中，有些在乡村和茶山出现过的主要人物，又在城市的茶馆和市井里再次亮相。

　　随着人和物从乡村到城市的流动，随着普洱茶曾经的升温和降温，我把全书的章节设计为四季的更替。茶嵌含着中国人对自然和生命轮回的理解，喜欢饮茶的中国人从不忘记将茶的美学意义同实用的健康养生功能相提并论。春生、夏长、秋收、冬藏，这样的提法见诸中国古典文学、中医和道家思想，也是中国人养生和为人处世的生活哲学。受其他关于茶文化（例如黄安希，2004）和关于中国历史上消费的著作（Brook，1998）的影响，同时结合自己的案例，我将本书四个部分的主题调整为"春生""夏热""秋愁"和"冬藏"，每一个部分含两个章节。

　　第一部分的主题为"春生"。这不仅是对茶叶在春天发芽生长的客观描述，也寓示着普洱茶产业的升温。其中第一章介绍易武这个茶乡的历史和现状，借此描述和分析这个地方的普洱茶及其地方形象是如何被包装出特定的文化意味的。第二章讲述春茶时节，外来茶商茶客云集易武收茶，但茶叶价格不期而涨、假茶层出不穷。对茶叶真假的辨别，演变成了外来人与本地人之人际关系的斗智斗勇。

　　第二部分的主题为"夏热"。普洱茶持续升温，但过"热"也会带来麻烦。其中第三章以云南的思茅改名"普洱"为由头，讲述云南的不同产茶地之间为了抢夺普洱茶原产地的桂冠而竞争，而普洱茶亦随着"茶马古道"的神话从云南走向全国、一路升温，成了中国各大茶叶市场的主角。第四章叙述 21 世纪初普洱茶价格突然滑坡，城市人群对普洱茶出现问题的原因议论纷纷，有人认为这是因为普洱茶被"炒"得太热，有人却认为普洱茶被包装得还太"生"，还有人认为，普洱茶的宣传应达到一种中和。本章旨在对中国文化里关于规范化与模糊性之间的矛盾进行探讨。

第三部分回到易武，以"秋愁"为主题。"悲秋"是中国文学里的著名主题。宋玉在《楚辞·九辩》里写道："悲哉，秋之为气也！萧瑟兮草木摇落而变衰。"秋天令人忧愁，秋天的愁绪又如何化解？第五章以茶农因普洱茶市场的突然滑坡而焦愁为由头，借此梳理第一章尚未触及的有关易武普洱茶的另一段历史，以分析这个地方的茶叶生产和茶农生计如何在过去半个世纪中深受计划经济、市场经济以及外来需求的影响，意在揭示人们的焦愁不仅源于现状压力，同时亦植根于历史记忆。第六章通过四个具体案例，展现易武人如何面对外来市场的不景气和现代化生产标准的双重压力，发挥主观能动性，以"转化"而不是以对抗的方式来应对挑战，从而部分地缓解焦愁。

第四部分以"冬藏"为主题。中国传统医学和哲学所说的"冬藏"，本来意指冬天寒冷，人的阳气应该内藏而不宜外泄。本部分将这一隐喻性主题调整为涉及普洱茶藏储的问题。在普洱茶市场不稳定的冬天，城市里的茶商茶客纷纷举办品饮茶会，争议普洱茶是否真的"越陈越香"。第七章专门以昆明的某场茶会作为深描案例，展现此间所体现出的中国式人际"区隔"（distinction）与联系，以及普洱茶的品饮所折射出的中国式文化认同。第八章进一步通过不同的品饮故事，展现一个更大的物流和人际互动的时空，即产茶区的云南与消费区的大珠三角地区之间，在生产、贸易和消费方面的互动，也即地方化与全球化之间的动态关系。

茶生云南①

在对本书将要涉及的主要理念进行介绍之前，本节就中国茶的简史以及普洱茶在其间的位置作一概述。

在世界范围内，人们曾经就茶树的起源问题争议不休。但是中国人最早驯化和人工栽培茶树，并开启了饮茶的风尚，这却是世界学者们一致认可的（陈椽，1984；朱自振，1996；Mair and Hoh，2009；Hinsch，2016）。中国人乐于把茶的最早发现归功于"尝百草，一日遇七十二毒，得茶而解之"的史前氏族部落领袖——神农。西汉王褒的《僮约》记载了主人令仆童"武阳买茶"，证明至迟在公元前6世纪，四川成都附近已经出现了茶市。到公元3世纪，茶已经成为长江以南的重要饮品，但是还没有普及到北方。到了唐代，饮茶的风气开始在当时的中国社会流行开来。唐人陆羽所著的《茶经》在公元8世纪成书，成为此一时期茶文化欣欣向荣的重要佐证。《茶经》对茶的生长、制作、品饮和精神进行了描述，影响深远直至今天，陆羽也由此被尊奉为"茶圣"（陆羽，2003；朱自振，1996；关剑平，2001；Goodwin，1993）。日本人冈仓天心（2003）精辟地将从唐朝开始的中国历代的主要饮茶方式归纳为唐代的煎茶法、宋代的点茶法和明代的淹茶法。唐代和宋代所用的茶的共

---

① 作者不净庵出版于2007年的著作与此同名：《茶生云南》（北京：金城出版社）。

性在于它们大都是紧压形的，制作时需要紧压成团，饮用时需要碾细成末。明代开始，中国茶的形制发生了较大的变化。据说明朝的开国君主朱元璋，因为考虑到制作紧茶伤民劳工，于是废团兴散，由此散茶开始成为中国茶的主要形制，直至今天。但亦有学者提出，散茶其实在南宋后期和元代就已经出现（朱自振，1996）。在中国的少部分区域，紧压茶一直保持着它存在的必要性。云南地处中国西南，山高地远，交通不便，旧时要把云南南部生产的茶运输到外面，必须依靠马驮骡背，紧压茶即为首选。即便到了现代交通发达的年代，紧压的形制也没有被废止，这与后面将提到的普洱茶的存储有关。在今天不少作家的书写中，紧压形的普洱茶被认为较好地保存了唐宋遗风。①来自云南的作者特别指出，云南在中国及世界的茶的生产、制作和运输贸易的历史中占据着重要的位置，但是因为远离汉文化中心，这样的重要性一直被中原人士忽略，包括没有到过云南的陆羽（雷平阳，2000；周红杰，2004）。

云南是中国乃至世界上重要的茶的原产地。今天，云南各地遍布茶树资源，但传统以来，云南茶、特别是普洱茶的产地，被认为主要是澜沧江沿岸的云南下面的三个地方：西双版纳、思茅和临沧。布朗族、德昂族、佤族、哈尼族和基诺族等是较早植茶、用茶的本地民族，他们驯化利用茶叶的历史至少有千年以上（张顺高、苏芳华，2007；李全敏，2011）。大规模的汉人

---

① 但是云南普洱茶并不是唯一保持了紧压形制的茶，其他如产于湖南的黑茶，一直以来也有做成砖形或圆柱形的。由于受普洱茶流行的影响，近年来其他茶品也出现了紧压形制，比如白茶，甚至红茶。

入滇开始于 14 世纪的明代，而直到 18 世纪早期，汉人才得以真正进入云南的茶山（Giersch，2006：24‐25）。到 19 世纪末20 世纪初，汉人成为云南和内陆以及东南亚之间茶叶贸易和运输的重要力量（Hill，1989）。应当说，云南茶叶的重要历史篇章是由少数民族和汉族共同谱写的。陆续进入茶山贩茶和参与当地植茶、做茶的汉人，也为云南带来了来自中原的茶叶生产技艺和新的茶叶消费习惯（林超民，2006）。

云南的茶种，在植物分类学上被称为 *Camellia sinensis assamica*。通俗来说，这叫大叶种，是相对于国内其他许多地方的小叶种（*Camellia sinensis sinensis*）而言的。[①] 云南的大叶种被认为最适宜制作普洱茶，但是其实并没有一种茶树被冠名"普洱"。普洱茶之所以得名，被认为和一个叫作"普洱"的地方有关。这个地方从 17 世纪早期开始，就成为云南南部重要的物资集散地。产自附近的茶叶以及其他物资，要在此地集散并被官府征税以后，才能继续往外运输和贸易（方国瑜，2001：427‐428；谢肇淛，2005：3；马健雄，2007：563）。

传统以来，中国许多茶类是因地命名的，例如西湖龙井、信阳毛尖、武夷岩茶、祁门红茶，等等。但是当代中国的茶学家们提出了一套依据生产制作方式，特别是发酵程度，来为茶叶分类命名的方法（陈椽，1984；1999；欧时昌、黄燕群，2017）。通过不同的发酵方式，茶的酶活性得到或多或少的发挥，从而

① 也有植物学家提出，国内其他地方的小叶种是由云南的大叶种进化而来的（陈兴琰，1994）。

产生不同风味的茶。抑制发酵的方法被称为杀青，而促进茶叶发酵的方式可以是摊晾、摇晃以及延长茶叶静置的时间。按照这些标准，中国茶分六类：绿茶、白茶、黄茶、青茶、红茶、黑茶。而在每一大类下面，又可以依据细微制作方式的不同而划分出更多的类别。[①]

绿茶是不发酵茶，茉莉花茶如果是以绿茶为基础熏制而成，也被归入此类。而根据杀青和晒干方式的不同，又有炒青绿茶（如龙井）、蒸青绿茶（如大多数日本绿茶）、烘青绿茶（如滇绿，传统云南绿茶之一）、晒青绿茶（如滇青，传统云南绿茶之一，其与普洱茶的关系见第八章）。黄茶也基本不发酵，它和绿茶的细微差别只在于多加了一道"焖黄"的工序。白茶只微微发酵，制作工序也最自然简单。青茶这一名称在日常用语中较少出现，而如果讲乌龙茶，人们更耳熟能详。[②] 青茶或乌龙茶的世界包罗万象，它们被称为半发酵茶，但其实发酵的程度却可能游移在 20% 到 80% 之间。红茶和黑茶都是全发酵茶，因发酵的时间段不同，前者被称为"前发酵"，后者被称为"后发酵"。按照六大茶类的标准，普洱茶被划归在黑茶之下（陈椽，1984）。但是当普洱茶于 21 世纪初开始走红之时，越来越多的专家，尤

---

① 在各式茶学书籍中，发酵和氧化两种说法并存。中国当代茶学的重要奠基人陈椽在其 1984 年的《茶业通史》中指出，六大茶类分别的一个重要根据是黄烷醇氧化程度的不同（陈椽，1984：236 - 247）。本书采用"发酵"这一民间通用的说法。

② 中国大陆地区把所有半发酵的青茶基本上统称为乌龙茶。但在台湾，乌龙茶只是半发酵茶当中的一种，通常指以传统发酵和烘焙方式进行加工的那一类，如冻顶乌龙。

其是云南专家提出，普洱茶应当成为六大茶类之外单独的一类。本书第三章对此有更多讨论（表0.1）。

表 0.1　茶叶分类及普洱茶在其中的位置

不发酵	绿茶	蒸青	日本绿茶 云南蒸酶
		炒青	龙井 生普（未发酵）
	黄茶	君山银针 蒙顶黄芽	
部分发酵	白茶	白毫银针 白牡丹	
	青茶	安溪铁观音；武夷岩茶；凤凰单丛； 台湾高山茶；白毫乌龙（东方美人）	
全发酵	红茶	祁红；滇红；英式伯爵茶	
	黑茶	安化黑茶；六安茶；六堡茶	
	普洱茶（发酵）	熟普（人工渥堆发酵）	
		老生茶（长时间自然发酵）	

注：分类方法基于田野调查访问，并参考了相关文献（陈椽，1984；邹家驹，2004；蔡荣章，2006；Mair and Hoh，2009）

不论普洱茶是划归黑茶还是单列为第七类，它都是一个无法用三言两语定义得清楚的茶。为了叙述方便，也为了给对普洱茶知之不多的读者一幅稍微清晰的图景，我将目前在市场上出现的、被冠名为普洱茶的介绍为如下三大类。区分它们的标准也在于后发酵的程度。

第一类是生普洱也称生普、生茶。茶叶经采摘、萎凋、杀青（炒茶）、揉捻、晒干等粗制环节，得到的散茶原料称毛茶；再经过拣梗、紧压和包装等精制环节之后，所得成品就是生茶（也有的直接把散毛茶称为生茶）。生茶喝来新鲜、有活力，但可能刺激性较强。有的茶专家认为，"后发酵"是普洱茶的重要特征，而生茶尚未经此环节，制作方法和口感都近似绿茶（如传统的云南晒青绿茶或烘青绿茶），所以不应该被列为真正的普洱茶，顶多只能算作普洱茶的半成品（邹家驹，2005）。在实际的销售市场里，才出产的生茶比比皆是，它们被紧压成各种形状，并通常在包装纸上被注明"可以长期存放"。

第二类是老生茶。这是在第一类的基础上经过长时间的存放、经过"自然"的后发酵而来。至于多少年的存放才能被称为"老"，并没有固定说法，很多人说至少得五年，但其实存放的环境条件也决定着茶叶变化的快慢。而市场上通常不强调存放地点，而是模糊地以时间为标准，说存放时间越长，价格就越高。早年产于云南、后期流转到香港和台湾的老茶，有的已逾五十年，在拍卖中身价逾百万，成为一顶标杆，激励着人们争相购买新茶，作为面向未来的投资。所谓"自然"发酵，指的是茶叶在储存过程中，与空气、水相接触，发生氧化或者微生物酶促反应，茶叶从而可能由生涩刺激变得温和圆润。但是"自然"是一个相对的概念，并不是绝对的无为。把茶放置在湿度较高和具备特定温度条件的环境里，加速发酵，这样的做法绝不少见。这一方式和下面第三类普洱茶已经具有相当的近似性。

第三类是熟普洱，也称熟茶。如果说"自然"发酵是一般的做茶人家都可以做到的话，熟普却必须经由专业的发酵技术，特别是一个被称为"人工发酵"或者"渥堆"的后发酵环节。渥堆指的是把一大堆散毛茶置于特定的温度和湿度下，让堆子内在短时间里产生特别的菌群，然后隔时翻堆，使整堆毛茶从里到外发生微生物酶促反应。自然发酵要通过若干年才能实现的由生转熟的变化，渥堆只需两三个月就可以实现了。这项技术于1973年在昆明茶厂正式诞生。熟茶虽然已经经过有技术含量的后发酵，但还是被认为可以通过继续的陈化即进一步的自然发酵，而获得更佳的风味。这或许可以被称为"后后发酵"。

于是，国人饮茶"以新为贵"的传统，在普洱茶这里产生了变化。许多做茶人、卖茶人和喝茶人，是从普洱茶开始才了解到，原来茶可以长时间存储，并且滋味和价值还可能通过陈化而得到提升。那么，发现普洱茶可以陈化、需要陈化的创始者是谁呢？对于这一问题，也一直有争议，存在各种说法。其一，马帮运输自然发酵说。云南山高地险，在没有现代交通之前，产自云南南部的普洱茶要运送出去，依靠骡马，形成了独特的马帮文化（木霁弘等，1992）。从原产地到达目的地，通常需要三个多月甚至更长。负在马背上的茶叶，在此漫长过程中经历风吹雨打和日晒，从而发生了自然发酵。这种说法一直以来近似传奇，增添了普洱茶的神秘感（苏芳华，2002：50；周红杰，2004：8；木霁弘，2005）。其二，云南茶产地有意发酵说。例如有文献提到民国时期制茶，入篮装筐时，毛茶被弄湿以防止干脆受损，并且"分口堆存，任其发酵"等（李拂一，2000：61）。

其三，云南茶产地无意发酵说。即发酵并非有意而为之，而是因为过去交通运输不便，散毛茶或已经紧压的成品茶，无法及时运送出去，在暂时的堆放中、特别是雨季天气里产生发酵。①其四，大珠三角人为陈化说。这一说法认为，广东、香港、澳门一带，较早就成为普洱茶重要的集散和消费地。当地人发现，来自云南的普洱茶，要经过一段时间，被"放旧"（当地人语）之后，才能去除刺激、适合饮用（何景成，2002：118－125；周红杰，2004：11；不净庵，2007：76－80）。各种说法，各执一词。不过，过去年代的交通运输不便，确系一个清楚而重要的因素。还有，无从争辩的是，如今面世的老茶大量出现在香港、广东以及后来流转到的台湾，有许多是有意识存留下来的结果。而原产地的云南，至迟到 20 世纪末和本世纪初的时候，才普遍得知普洱茶可以"越陈越香"。

尽管得知"越陈越香"较晚，但借由普洱茶在 21 世纪初的成名，云南人萌发了为地方文化进行言说的渴望。不少来自云南的茶书作者认为，要想了解普洱茶，就必须先了解云南的历史。在他们看来，长期以来，云南被外来者予以了一种欣赏和赞美但是又猎奇而不解的眼光，而云南真正的美丽和价值却并不为人所知。这些作者指出，云南虽然地处边陲，和外界的联

---

① 我在易武采访时有当地老人这样讲述。同期到西双版纳茶山采访的其他调查人也有此闻，朋友阿雷 2019 年 6 月 26 日发布的微信朋友圈中对此也有一段基于他自己访问的回忆记述："……过去交通运输不便，包装物简陋，毛茶于多雨闷湿夏季堆积于村寨，秋风起时，筑篮装筐，下山汇集于易武茶号待加工，其间对毛茶转化有影响。"

系却从来没有被大山大河所阻隔；在自然地理、经济、民族和宗教等方面，云南和邻近的东南亚国家及地区一直有着极大的亲缘性，并且在联系中国内陆和东南亚之间扮演过重要的连接角色；而普洱茶正是云南对世界的重要贡献，比如，普洱茶身上承载着云南众多少数民族的生产生活方式和民俗风情，普洱茶的运输诞生了云南和外界联系的独特的茶马古道文化（木霁弘等，1992；木霁弘，2005；雷平阳，2000；阮殿蓉，2005a）。在这个意义上，普洱茶的推介变得和云南的自我身份认同紧密相联，普洱茶不再只是一杯简单的茶饮，而是被附着了众多的文化象征意义。

变迁和平衡

饮食人类学的研究，正是透过看似平常的吃与喝，来发现这些消费物品和消费习惯背后被人为赋予的种种象征含义。从列维-施特劳斯（Lévi-Strauss，1970）开始，人类学家就强调，食物不仅是用来吃的，也是可以用于思考的。列维-施特劳斯特别发展出了关于食物之"生"和"熟"的二元对立概念，在他看来，人为干预是促使食物从"生"转"熟"、从"自然"朝向"文化"发展的重要手段。不过，我后面将会结合普洱茶的案例分析指出，列维-施特劳斯的这一二元对立概念并非适用于所有的情形。

在列维-施特劳斯之后，饮食人类学家们从各种不同的方向剖析了食物所含的象征意义。例如，某些食物对于特定的人群，具有宗教信仰上的象征意义，是人和神灵沟通的重要媒材（Toomey，1994；Feeley-Harnik，1995）；某些食物可以经由嗅觉和触觉，帮助人们打开记忆之门，追怀家园和过去（Seremetakis，1994；Sutton，2001）；"品味"不仅是身体感官上的，同时也可以作为一种象征代码，帮助区别不同人群的文化趣味和社会阶层（Goody，1982；Bourdieu，1984）；食物在现代旅游中扮演着重要的角色，因为不同的饮食消费方式可能为旅行带来截然不同的色彩和感受（Heldke，2005；Germann-Molz，2004）；食物甚至还被人为赋予了性别特征，因为有的食物被认为主要是为男性而生产的，而有的食物则被认为很女性化（Counihan and Kaplan，1998）；同样地，食物也被赋予了民族性，可以作为民族识别的重要标志，饮食的习惯可能伴随着族群的迁徙移动而发生某些改变但其根基却难以磨灭（Ohnuki-Tierney，1993；Tam，2002）；具体到中国文化，中国人讲求"民以食为天"，喜欢吃，并善于把中国文化的精要在看似不经意之间嵌入每日生活的饮食习惯之中（Anderson，1980；Watson，1997；Wu and Cheung，2002；Su Heng-an，2004；Sterckx，2005）。

特别需要提及的是大贯惠美子（Emiko Ohnuki-Tierney，1993）关于米的研究。她指出，食物会在一个民族的历史进程中沉淀下深刻的象征意义。米在日本文化中占有重要地位，日本人把本土生产的米作为"自我的借喻"［metaphor of（the）self］，即日本民族文化的一种代言。尽管如此，米在日本却并没有在生产和消费数量上占据绝对优势，因为有相当一部分日本人并没有把米作为他们的主食。然而，经过漫长的历史过程，米的种种特殊含义已经涵化成为整个日本文化的"自然"的一部分。而且日本人以米作为日本文化的重要象征，并不是一种有意识的行动，而是在每日生活的不经意间慢慢浮现关于米的种种习俗和象征意义的（Ohnuki-Tierney，1993：5－6）。

在许多方面，茶在中国的情形和大贯惠美子所阐述的米的案例极为相似。茶被中国人所发展出来的象征含义显得如此"自然"，以至于人们常常忘记了那些含义的缘起。茶被称为中国的国饮，但是并非所有的中国人都真正喜欢喝茶，许多中国人对茶的分类和文化历史也并不能一一详述。但是，几乎每个普通家庭都会买茶、备茶、以茶待客、赋予茶远远超过解渴之外的种种特殊含义和用途。在传统的订婚结婚、祭奠祖先、供奉神灵的节日仪式中，一杯茶占据着必不可少的位置。在某些地区，茶对于某些特定的人群，还拥有特殊的神圣意义。比如，在云南的布朗、哈尼等民族的传统中，不允许任意采摘和砍伐茶树（史军超，1999；Xu Jianchu，2007）。

不过，在无意识和"自然"而为的同时，茶在中国又确乎是被人为地将其文化寓意上升到了相当的高度。在中国文人的世界里，茶和琴棋书画诗酒一同被视为雅物，可以赏玩，代表闲情逸致，亦可标示高洁情操。古代山水画里的高士，或聚友或独坐品茗，生活在一个远离尘嚣和自在自由的想象建构的乌托邦里（图 0.4）。

中国人还把茶和信仰紧密相联。儒家深刻地认识到，茶令人

图 0.4　明代文徵明《林榭煎茶图》局部。现藏天津博物馆

神清，酒令人智昏，茶于是与简朴、礼法、仁义以及中庸之道相提并论。例如，4世纪魏晋时期，茶宴一度被认为代表着朴素之道，用以替代被认为代表着奢华和放纵的酒宴（关剑平，2001）。在后世发展中，茶的医用功能得到不断认识和利用，它除了能让人清醒，还能助消化、去热、利尿等。这些功效进一步被道家上升到养生的高度。同时，茶在佛教寺庙中成了助益和尚参禅打坐的重要饮品，所谓"茶禅一味"（Benn，2005）。

不过，茶身上被附着的意义，有时很难被清楚区分该意义的生产者到底是文人雅士还是普通百姓，所以中国的文化里既有"琴棋书画诗酒花"，同时更少不了"柴米油盐酱醋茶"。不少时候，象征意义的源头在民间，之后被文人士绅抽象化和提升到一定的高度，再然后这些被抽象的意义又回流到民间。所以，即便是一个没有读过太多书的茶农，也相信茶是和礼仪以及正道联系在一起的。就此意义而言，茶身上被有意识和无意识发展出来的抽象意义，是来源混合、出处难辨的；而文人高士和百姓大众，都是茶的抽象意义的重要建构者。

作为中国的"国饮"，茶被赋予的功用和象征意义似乎大都是正面的。然而，回顾历史会令人意识到，这些意义的建构并非一帆风顺。与其说茶的形象在中国一直是正面的，不如说它的形象和意义其实始终是在变迁之中的。就以距离现在较近的时代来讲，在改革开放之前和之后，因为政策和社会经济水平的变迁，茶在中国人心目中的形象也是变动的。在20世纪六七十年代以阶级斗争为纲的时候，如果有谁特意地焚香挂画喝茶，那么他会被和"罪恶的资产阶级"倾向联系在一起。再实际一点说，在温饱尚未解决的时候，如果有谁还成天喝茶，那么他的肚子和脑子就可能是有问题的。所以，在那样的年代，茶的所谓正面意义是被忽略、遗忘和隐藏的。茶馆茶店数量有限，喝茶这件事主要发生在某些工作单位和某些家庭范围之内。20 世纪 80 年代初改革开放以后，情况逐渐改善；90 年代，国家经济有了更快速的发展以后，娱乐和消遣变成了日常生活的家常便饭；21 世纪初则进入了真正的"消费革命"时代（Davis，2000；Latham，Thompson，and Klein，2006；Gerth，2010；Yu，2014）。而茶的"显著消费"（Veblen，2006）①恰恰是从 90 年代开始出现，然后在 21 世纪初变得愈发风生水起的。各种与茶有关的文化事件层出不穷，茶拍卖、茶展览、茶会、斗茶、茶艺表演、茶山现场直播……以"茶文化的狂热"来形容这些形形色色的事件，并不为过。

以昆明为例，据我的几位昆明的报告人告知，20 世纪 80 年代中期，在昆明城内买茶并没有多少选择，通常要托有机会到产茶的云南地州县出差的人才能带回来一些品质不错的绿茶。但在二十年之后，据一项调查显示，到 2006 年底，这个地处边陲的西南省会城市，含零售、批发和服务在内的茶店茶馆已经达到了 4000 家。② 而正是在昆明茶店、茶馆数量急速增长的 21

---

① "显著消费"（conspicuous consumption）这一概念由凡勃伦（Veblen，2006）提出，分析西方消费史上曾经出现的新型富有阶层，他们购买和占有某些消费品的动机更多在于借此炫耀财富、提高身份地位。

② 这项调查由昆明民族茶文化促进会和云南农业大学 2006 年联合进行，结果发布于当年的《云南日报》（当时的网站链接已失效）。

世纪初，普洱茶变得炙手可热。毫无疑问的是，每一家茶店都在售卖普洱茶，都在向客人推销普洱茶"越陈越香"的价值。

当代普洱茶被赋予象征价值的方式，和茶叶在中国被赋予正面意义的方式是类似的。或者说，前者从后者那里借鉴了不少方法，来为普洱茶增添文化气质。比如，就外形来说，普洱茶大多是紧压形的，所以普洱茶的作家们称这是继承了"唐宋遗风"，因为唐代和宋代的茶也是成团成饼的。再如，普洱茶最独特之处在于可以长时间存放，于是人们赞美经历过时间陈放的普洱茶，用它来比喻一个历经岁月洗礼而变得成熟的人。在茶文化者的笔下，缓慢自然发酵的普洱茶更值得被赞美，无论是在茶马古道上被自然风吹日晒雨淋的"马背发酵"，还是在房屋一隅静处经年的"仓储发酵"，因为这种没有人为干扰的、慢速的、在任性状态下生成的结果，和道家的自然之道紧密相联，因而经过若干年自然发酵的普洱茶被认为代表着最高品位。

不论是用于与云南的少数民族文化还是传统文化相联，普洱茶的诸多象征意义是被人为地和有意识地在短短几年时间里建构出来的。建构的速度之快，仿佛普洱茶所有高尚价值的横空出世只在瞬息之间，因为它转眼就让家乡的云南人难以辨识。这种文化建构的快速与普洱茶在另一方面被推崇的慢速和自然发酵之道形成了反讽式的对比。在国内其他地方乃至世界范围，流行饮食在短时间里被建构出新型功效和象征意义的案例并不鲜见（Haverluk，2002；Hsü Ching-wen，2005；Kyllo，2007），但普洱茶案例的特殊性在于其意义的建构，跟中国经济与社会发展的节奏和速度一样无可比拟。与此同时，某些意义一经建构却又立刻遭到反对乃至解构，反对和解构的声音横跨不同的地方和区域，串联起了普洱茶的生产、贸易和消费链，成了普洱茶流行图景中最为有趣和最值得关注的方面。而在中国饮食及其全球化研究方面，一直以来还比较薄弱的地方正是关于食物的含义如何在跨区域和跨文化的脉络中被建立起来的探索。

同时，普洱茶意义的被建构又确实反映出了一种如大贯惠美子（Ohnuki-Tierney，1993）所说的"历史进程"（historical process）。因为如果不是在改革开放以后的年月，不是在"消费革命"植根的今天，不是在人们生活水平提高到有钱和有闲来收藏一种"可以喝的古董"的时代，我们又怎能想象普洱茶形象和地位的如此提升？如果说大贯惠美子笔下日本米的意义建构，是以一种"历史上的他者"为参照物的话，那么今天普洱茶的意义建构，则可以说是以时间线上中国社会的昨天为参照物的。

在这场以时间为关键词的话语建构中，消费者身处时代变革的转折点，既渴望消费时尚前沿，也渴望保留传统遗产，并企图通过同时消费"新"和"旧"，来抵偿和平衡没有多少物质可以消费的过去。首先，温饱问题解决以后，盈余的资金需要找到安放的渠道，"可以喝的古董"和具有升值空间的普洱茶变成了一种选择。坊间流行的一句话便是"今天不存普洱茶，明天必定追悔莫及"。

其次，人们越来越追求健康饮食。这也许并不新鲜，因为人们久已被"食疗"的观念和习俗所熏陶，只不过在温饱没有解决的年代，这一点实在无暇顾及。而茶的养生作用对人们来说也绝不陌生，只是一方面普洱茶的功效在短时之间被捧得超越了其他的茶类，比如降"三高"，另一方面消费者对许多茶园之施用农药化肥越来越担忧焦虑，而普洱茶之中的古树茶则被尊奉为生态与健康的标杆，所以在普洱茶的流行中，"健康"这张牌被打得十分有力。人们可能相约在距离吃饭时间还早的时候尝试各种普洱茶，然后因为茶饮过多腹中饥饿而去寻找美食，又在酒足饭饱之余相邀再次开泡普洱茶，因为普洱茶最能解腻。于是，到底是为了饮茶而去寻找美食，还是为了美食而来饮茶，有些分不清了。总之，普洱茶的流行，是当代中国人对饮食和健康孜孜以求的典型代表之一。

再次，在普洱茶的流行中嵌含着一种对复古的追求。曾经古的东西被视为"四旧"或封建残余而务必消除，而今天人们有了机会重拾旧物，且可称为"文化遗产"。古字画、古家具、古陶器等等在拍卖市场上身价飙升、炙手可热。普洱茶，尤其陈年的普洱茶，被誉为一种"活着的古董"。和其他古董不同，它在存放多年之后还可以被饮用，收藏它的人们以"陈韵""陈香"等词语来表达对古旧事物的赞美。这正是萨顿（Sutton，2001：63）所说的"怀旧的商品化"（commoditization of nostalgia，亦参见 Lowenthal，1985）。

再其次，人们对普洱茶的找寻寓含了一种对身份、个性和生活方式之"真理"或"真实"（authenticity）的追求。这是对过往岁月中自我个性备受压抑的年代的一种平衡，同时又是对现代化生活潮流的一种逃离和对自我的重新找寻。在许多普洱茶爱好者看来，寻找普洱茶的最好方式，莫过于亲自访问茶山，细看每一片茶叶从采摘到制作的流程，在原产地、在没有经过其他中间商业环节的条件下亲自挑选中意的茶品。位于边远之地的乡野茶山，代表着和都市喧嚣相对立的宁静、纯朴、慢速和自然，是逃离过度发展的现代化的最佳方式，是"本真生活"的代表。不远万里去往茶山寻茶，或可显示出一个人的情操与能力。而历尽辛苦收集到的普洱茶，被附着了收藏者的一种精神和气质，两者合为一体，成就了丹尼尔·米勒（Daniel Miller，1997）所说的"以物代言"（objectification）。无怪乎人类学家说，人们建构物的生命史的过程，也是人建构自身生命方式的过程（Kopytoff，1986；王铭铭，2006）。普洱茶的生命史被人为建构过程中所表现出来的种种矛盾，也寓含着为它建构价值的人们在文化心理上的层层纠结。

总而言之，普洱茶的消费热折射着中国社会生活的变迁，对普洱茶的新消费需求蕴藏着当代国人对贫困并缺乏消费自由的过去的记忆，一种力求摆脱、改变和平衡过去的愿望。正是这些记忆和愿望，催生了普洱茶在 21 世纪的种种商业神话和新的文化价值取向。不过更为有趣的是，在一批价值被建构的同时，另一些声音同时应运而生，试图解构前者。普洱茶变得千人千相，每个人心目中都藏着一个他所认为的最真实的普洱茶。

普洱茶的江湖

尽管每个人都试图寻找到最真实、最正宗的普洱茶，然而事与愿违，市场上假茶泛滥。虽然地方政府大力介入，力图规范市场，但作假的普洱茶和其他山寨产品一样，继续满天飞。于是，一讲起普洱茶，就会有人说，"那是个江湖"。初听到这个说法，我并不以为奇。中国人对"江湖"这个词绝不陌生，一提到它，或者用它作喻，听到的人便会微微一笑，讲者和听者都仿佛心领神会，追问它的具体含义似乎成了多余。然而在探究普洱茶的过程中，我渐渐发现，"江湖"含义的丰富，远远超出我原来的理解和想象。它和普洱茶一样，有着丰富的寓意。

2007 年前后，多本以普洱茶为主题的杂志在昆明面世。我有幸遇到其中某杂志主编，向他问起办刊缘由。主编解释说，普洱茶太复杂，关于它的争议也太多，许多人志在为普洱茶正名但却徒劳无功，于是他的杂志转而采取一种游戏心态，力求通过"玩"的方式来获得些许真谛。比如，在文章中将用于分解紧压普洱茶的不同造型的茶刀，演绎为江湖侠士的种种或尖或钝的兵器利刃；把某位现实世界的知名普洱茶界人士"封"为某一江湖门派头领；或者，将几款普洱茶的制作技艺"鉴定"归属为各有千秋的上乘武功。

如此种种将江湖的名称和含义搬演运用到当下普洱茶以及其他现实事件中的做法层出不穷，它们激发我进一步梳理这个词的来源、掌故和被应用的不同情境。我试图通过对江湖意义的挖掘，来洞悉普洱茶真假难辨的混乱状况、它被文化包装但与此同时其被包装的意义又不断被解构的过程。

江湖由"江"和"湖"组成，许多时候是一种泛指，例如最早提到这一词条的为《庄子·大宗师》"相濡以沫，不如相忘于江湖"。但历代以来，江湖又时常是和庙堂相对的，在此意义上，这和斯科特（James Scott）所讲的"佐米亚"（Zomia）似乎有着某种相似。[1] 江湖的又一较早记载出现于《史记》，司马迁叙述范蠡在帮助越王勾践复国之后，没有继续在朝为官，而是"泛舟游于江湖"（司马迁，2011：2459）。在这一记述中，江湖意味着远离庙堂，是和归隐联系在一起的。游于江湖中的范蠡和前面提到的山水画中的高士拥有类似的理想，放弃名利，在自然山水中悠然于世。这是韩倚松（John Christopher Hamm，2005：137）所说的"一种浪漫情怀之下具有慰藉和本质意义的个体自由，也是一种具有感染力的文化实践"。

江湖更为人所知的掌故出现于武侠小说之中，主人公是侠客。侠客是江湖场域的重要但却并非唯一的主角。中国小说溯源一般会讲到唐传奇，但是其实和江湖有关系的形象早在战国时期剑客身上已见端倪：荆轲"风萧萧兮易水寒，壮士一去兮不复返"（司马迁《史记》），朱亥、侯嬴"救赵挥金槌""纵死侠骨香"（李白《侠客行》）。早期刺客、剑客的故事常以悲壮为结局，经常是事未竟、壮士去而声名留，这时的江湖和庙堂也还粘连在一起不怎么分你我。而唐传奇之后，特别是到了明清武侠小说，侠士们具有了更多化腐朽为神奇的武功和能力。每当民间遭遇疾苦和不公、诉诸官府却又不能公正解决的时候，侠士就会突然从天而降，凭借高超的武功、正义的决断和智慧的行动，为民除奸、惩恶扬善。在此意义上，侠士被赋予了如

---

[1] "佐米亚"是斯科特（Scott，2009）提出的一个地缘政治概念，指称东南亚高地的族群远离政治中心，获得相对的自由自主。

同济公、八仙等经常在民间传说中出现的神仙一般的本领，具有一种半人半神的崇高地位。与此同时，江湖成了侠士们所游走、栖居、出没和争斗的世界，变成了与庙堂相对的空间。游走于江湖的侠士具有显著的独立性和反抗性，反抗不公的世道和权威，但是江湖却并不必然是对抗庙堂的阵地。成书于 14 世纪的《水浒传》就是一例。一百零八个好汉身上具有显著的反抗不公的精神及本领，聚义水泊梁山，但是以领袖宋江为首的人物，其理想和行动是反恶霸但不反朝廷。

或有人觉得，江湖指代特定的地理空间，《水浒传》里的水泊梁山就是一个典型的江湖场所。但其实江湖的领域绝不仅止于此，更包括了各个好汉在到达梁山之前所行走的社会空间，以及梁山泊解散之后各个英雄的生活轨迹，所谓浪迹江湖。而且不论是聚义还是浪迹之地，江湖内部都自有其风险和混乱。不论是在街市、旅店和庙宇，还是山林、沙漠和荒野，争斗和厮杀时时可能发生。这种混乱感和争斗性正是人们用江湖来指涉今天普洱茶乱局之核心意义所在。

江湖主题在香港 20 世纪 50 年代开始风靡的武侠小说中得到了更充分的体现，最杰出的代表就是金庸的十四部武侠小说。他的小说同样以侠客为主人公，包含江湖与庙堂的对立。但是金庸小说之吸引人处，更在于他所塑造的人物具有一种矛盾的复杂性。力图一统江湖的盟主往往以失败而告终，最值得为人称道的英雄则身怀绝技而最终隐于世外。因为，"真正的大侠不只需要退出'官府世界'，而且需要退出'江湖世界'"（陈平原，1997：176）。在此意义上，侠士和隐士合而为一，才是更高理想。一个看起来文弱而与世无争的扫地僧，在《天龙八部》里才是最身怀绝技和最富于智慧的高人。而《笑傲江湖》的令狐冲和《神雕侠侣》的杨过之令人欣赏，绝不仅仅因为他们武功高超、英俊风流，更不可或缺的是因为他们最后选择退出江湖，懂得像范蠡一样游于世外。

江湖的含义在当代社会中继续得到延伸和运用。国内独立纪录片的先行者吴文光（1999）制作过一部片子就叫《江湖》，记录一群歌舞演员四处行走，表演卖艺，他们"漂"在社会，游离于故乡之外。在这里，"江湖"是与"家园"相对立的。远离故乡和家园意味着危险与不安定，而在拥有丰富阅历之后能够游刃有余应对险境、深谙人情世故并变得有些油滑之人，则被称为"老江湖"。

以上关于江湖的种种古今寓义，在我所调查的茶山和茶市中不断浮现。眼见普洱茶世界鱼龙混杂、你争我斗，我忍不住将它们和武侠江湖之风险和较量相联系。我认为，至少有三个方面的江湖意义可以在普洱茶身上得到具现。首先，江湖所同时具有的浪漫理想和风险可能，在普洱茶世界里都可以看到。一方面，为了找寻好茶，商人、鉴赏家、爱好者们不辞辛劳从千万里之外赶到僻远茶山。茶山本是他们心目中纯净无染、需要去朝圣和能够找到"真品"的所在，就像侠客本来觉得游走江湖可以获得脱离庙堂的自主和浪漫一样。但是另一方面，在普洱茶的极度热潮之下，即便在偏远的山乡之地，也难免竞争激烈、赝品层出、人心难测。有时，来路不同的人们坐在一张茶桌旁边共同分享一泡茶，试图通过品鉴区分茶好茶坏。味觉是极度主观的感官方式，每个人感知的滋味可能不同，再加上各自进入茶世界的阅历深浅不一，每个人的身世背景、寻茶访山的目的和动机可能大相径庭，也可能殊途同归。于是，一起喝茶会变成一场彼此试探、相互比较和勾心斗角的临时聚会。武侠小说和电影里，江湖侠客们聚集和碰撞的场所可能在闹市街坊、沙漠戈壁、荒郊古寺、天涯海角，普洱茶的江湖亦然，可能在田间地头、农家小院、精美茶楼、园林胜景……人们缓缓啜茶，泡好的茶汤看起来引人入胜，但是一派平和下面，却常常暗藏争斗之气，和侠客们较量外功或者内功极为相似。喝茶的人们在比试：到底你更懂茶还是我更懂茶？一片好茶，终归谁手？我们值不值得合作？最重要的，你有没有骗我？喝茶本来是美好的，但是含带杀斗之气和焦虑之心的茶汤，滋味尽失。所以，在经历过各种争斗之后，有人会由衷地说，最大的愿望是独自或只和喜欢的人在一起，静静地喝一杯茶。就像《卧虎藏龙》里由周润发所扮演的李慕白，一直不可避免地陷于各种争斗当中，但其心中的理想只是和所爱之人离开所有争斗，静享没有权力纠葛和高下比试的平凡生活。静静喝一杯茶的理想听起来很简单，但许多时候却并不容易实现，因为"人在江湖，身不由己"。

其次，江湖世界的侠客和普洱茶的茶客一样，非常强调个体技能的重要性。侠客之为人津津乐道的很大特点，乃在于他们身怀绝技。当世道不公、官府又无所作为之时，侠客们凭借一身武功，可以轻松把问题解决，对或错的判断可以转化为武功技能的高低较量。怀有武功也才能行走江湖，化险为夷。当然，武侠小说通常会让不仅具有高超技能、同时还富有正义感的人最终获胜。现实世界中，普洱茶复杂难辨，生产存储诸多标准未曾统一，对财富的渴望与争夺又导致市场上假茶盛行，相关管理规定尚未能够有效规范。于是，涉足普洱茶的"侠客"和"英雄"们相信，要在世风险恶的环境中取胜，唯一行之有效的办法是练就嘴巴的厉害，所谓"一品知真相"。我遇到过的一位茶客精辟地总结说："一个茶来自哪座茶山、到底大树还是台地、纯料还是拼配、有没有乱用农药化肥，如果是听别人讲，什么都可能被说得天花乱坠，但是什么都有可能是假的。唯一可以相信的只有自己的嘴巴。你只要嘴巴厉害，喝一口，就能判断所有。其他都是多余的。"这样的宣称表达了对行骗者的蔑视和对所谓权威规则的嘲笑，以及对个体技能的自信与自豪。

再次，武侠小说以高度虚构但同时又高度现实的手法告诉我们，社会由不同的团体、组织和人群所构成，而物以类聚、人以群分的原因是复杂的，其结构和关系也是动态的。社会包含着庙堂与江湖的对立，庙堂本身也可理解为一个江湖，而对立于庙堂的江湖又包含着不同的社群，同一个社群下面更有不同的个体。某个个体可能渴望加入某个社群，获得安全感、合作性和认同心，并和自己的伙伴一起，与另一个群体相区隔、甚至相对抗。每一个群体拥有"自己的行为符码，自己的语言和智慧"（Minford，1997：xxix），一个人如果不接受这一群体的行为准则，那么他在其间的处境一定是危险或至少是尴尬的。普洱茶同理，人们因为不同的成长背景、目标理想、兴趣准则以及经济能力而选择不同的茶品。茶品的分类其实昭示着人群的分类。于是，有了生茶派和熟茶派的名类，有了版纳派、思茅派和临沧派的划分，有了易武派、勐海派和勐库派的区隔（一位茶友戏称后两者为"沧海派"，因为勐库位于临沧），有了干仓派和湿仓派的斗争，还有云南仓、香港仓和台湾仓的分流……它们仿佛武林门派，林立不一，时而因为品味的各异而争执吵斗、水火不容，时而又在"茶以和为贵"的号召下不分彼此、相互融通。在同一个小的派别下面，不同的个体之间亦存在着难以捉摸的关系、或明或暗的斗争或友谊，而每个个体不时处于剧烈的心理斗争之中，力图融入或离开某个群体，汇入或超越某个江湖。

西方学术概念和语汇里与这些分别最有联系的，是法国社会学家布迪厄（Bourdieu，1984；1989）基于法国文化所提出的"区隔"（distinction）。在消费领域，人们住不同的房子、穿不同的衣物、开不同的车、吃不同的食物，是由其家庭、教育、收入和阶层背景所决定的；每个人拥有不同的经济、政治或文化资本，各居其域、彼此相隔。于是，品味（taste）不再只是味觉和嗅觉感官对世界的感知，更是一种文化趣味和审美能力的象征（Howes and Lalonde，1991）。布迪厄所讲的"区隔"带着深深的阶级印迹，它和江湖，乃至普洱茶江湖所涉及的区隔，有着种种的相似，但却不能够将中国的区隔文化精彩道尽。中国文化里的江湖并不以阶级作为群体类别区划的出发点，如詹姆斯·刘（James Liu，1967：4）所指出的，侠客并不是某一种阶层，而是"具有显著独特个性脾气和性格的人物"。或者如余英时（2012：242－244）在比较中国的"侠"和西方中世纪的

"骑士"时所指出的，后者必然归属于贵族阶级，而中国的侠客则既包含平民又包含贵族。因此，普洱茶世界里各个群体之所以相区隔，绝不仅仅是因为阶级出身不同，而更多出于各自具有不同的兴趣脾性、目标志向或主观见解。

总体来说，普洱江湖表现为一个主流人群和另一个非主流人群的区隔。主流人群包括茶叶生产、贸易和流通规则的主导者，比如茶叶主管监督部门、茶科学家、已成名的茶文化人、大厂家大品牌等。非主流人群则是更为民间性的、在主流规则之下另寻规则的群体，比如个体茶商、中小型茶农茶庄、游移于各方之间的买卖人、一般的茶爱好者，等等。所谓主流和非主流的分别是相对的、动态的而非一成不变的。同时，不论普洱茶主流群体还是非主流群体，各自又可以分流出不同的派别。在每一个小派别下面，每个个体都可能是一个独立的普洱江湖人士。本书以江湖作为隐喻来诠释普洱茶事象，但是本书所谈论的江湖又超越传统意义上江湖所论及的忠诚、正义、兄弟义气等；在混乱、风险、争斗、分隔之外，江湖更重要的意义在于指涉中国人对真相、自由和独立的"心灵追求"和实际践行（李东然，2012）。

历史原因，加之突然席卷而来的商业浪潮，使得普洱茶为多重声音、多种力量所环绕。尽管不断有人站出来宣称他熟知"最真实的普洱茶"，但是"一统江湖"，即给予普洱茶某种固定的定义和标准的愿望总是难以实现。这样的多重纠葛体现在本书叙述的不同时空层面和人际网络之中。例如，最经常的情况是，很多人想要把普洱茶塑造成一个最神奇的茶品，从传说故事、制造技法、功用效果、汤水滋味等方面为其赋写赞美诗。而与此同时，会有不同的声音站出来，举出事实和理由，揭穿赞美的漏洞，明确反对为赋美词强说好。有时，对普洱茶真相的较量发生在茶山、发生在本地茶农与外来茶商茶客的斗智斗勇之间。有时，这种竞争会上升到一个更高的地理和行政级别，比如在云南各个产茶区之间，每个地方都力图证实自己才是普洱茶最真实的原产地。再往上，这样的竞争也发生在云南与国内其他产茶区之间、作为产茶地的云南与作为引领普洱茶潮流的消费地之间……普洱茶于是被包装及解构包装的力量层层环绕。

在重重力量之间，并不缺乏官方管制的介入，而且这种介入的力度有时其实并不小，不论是在宣传的造势上还是对生产消费环节的规定上。但是人们往往抱怨这种监管的效力还远远不够，不足以帮助普通人抵御普洱茶江湖无处不在的风险，有时还无意中为不少人提供了有机可乘的空间，更有人认为不管有无监管，最终还是得依靠自己的行动力才能解决问题，就像行走江湖的侠士必须具备一身绝技才能化险为夷一样。在这一点上，杨美惠（Mayfair Yang，1988；1989；1994）关于中国礼物经济的分析值得借鉴。人们通过相互送礼而实现关系联结和人情维系。在杨美惠看来，不能把礼物经济简单地和腐败画上等号，因为它们更在国家正常的资产分配渠道之外，提供了另外的民间资产及商品流动的可能；后者对前者有时是一种破坏，但有时又对前者形成了有益的补充。同样，民间的普洱茶农、茶商和茶客，常常在政策之外偷换规则、打"擦边球"、自我界定，这可能是对既有规则的一种破坏，但有时又带来某种必要的补充。

一方面，不断地有人呼吁，普洱茶需要正本清源，需要清晰的规则；而另一方面，每一次，当某种稍微明晰的规则一出台，即刻有人提出反对，想要把普洱茶拖回到原来比较模糊的状态去。例如，某种鉴定普洱茶真假的"科学"方法行将面世，但会有人提出，方法即便再"科学"，执行鉴定还是因人而异；更有人提出，"科学"的判别只会使喝茶的过程变得枯燥，而只有人为的经验才是既可靠又有趣的。所以，能否制定有效的标准和办法固然是个疑问，但普洱茶圈里的每个人恐怕更需要扪心自问：国内茶叶所生长的文化土壤究竟需不需要、能不能够催生真正行之有效的标准化办法？在我所遇到的持反对意见的人看来，最好的普洱茶品恰恰是非标准化之下生产出来的：来自环境良好无污染、无化肥农药、少修剪的古茶园，不混杂其他品种的纯料大树，经人工采摘、炒制和揉捻、手工石磨和小规模家庭作坊压制，静态长期存放及自然发酵的生茶。这一系列的追求实际自有其标准，但它们和拼配、机械化、大规模、人工发酵等包含"现代性"的标准化概念及方法形成了某种意义上的对立。它们可能和中国园林造园的道理更为相通：虽由人造，宛如天成；它们强调的是个性化、经验化和灵活性，所以相应地，它们也是多变的、标准模糊的、靠人情吃饭的。

本书运用并展现人类学、文化研究及社会科学在物的研究方面的种种既有重要方法，追随和描摹物的流动，以洞见生产、贸易和消费链条背后所交织的多重文化及政治张力，包括物品的本土化、全球化、流动性、现代性、政策、传统的再造等等之间的动态关系。更重要的是，本书认为，理解中国江湖文化的本质，更有助于解读今日普洱茶鱼龙混杂的局面，乃至普洱茶的行动者们在混乱中解决问题的方式策略。正是在这样一种江湖情景中，普洱茶之正宗和真实性的界定无法获得统一的标准，辨识茶的真假往往成为依赖经验的、看情况而定，以及通过各种人际沟通达成临时协议的事情。本书亦提出，江湖这一概念及其实践不仅表现于当下的文化消费和商业行为之中，同时亦渗透于社会的规范化与模糊性之间的矛盾里、社会群体和个人之间缔结和打破网络关系的张力中，并体现了国人所特有的某种对人生理想境界的追求行为及心态。

我曾在国外学校作演讲，提到"江湖"时，被某位外国友人追问"江湖到底在哪里"。三言两语实在说不清楚之际，突然灵光一现，想起一个国内朋友说过的一句话，于是赠给这位外国友人："江湖在人心。"

第一部分

春生

第一章 "易武正山"

香港老茶

2007 年初，我路过香港。关于普洱茶，一直有一种说法，"产在云南，存在香港，发扬光大在台湾"。作为一个云南人，对于普洱茶在香港的情况，我充满好奇。在几位香港朋友的强烈推荐下，我去"莲香楼"吃早茶。这是一间已有八十多年历史的港式茶楼，终日盈客，人声鼎沸。有人告诉我，来这里的常客，十个人里面有七八个会点普洱，三四个才会点龙井或寿眉。滚水冲泡之下，一壶普洱茶需要快速出汤，否则马上浓苦难咽。茶水红浓近黑，带着一股我不熟悉的湿气和浓稠感，又仿佛才刚煎好的中药。带我去的当地朋友阿麦，为了让我了解香港的早茶文化，要了一桌子点心：蜜汁叉烧包、豉汁蒸排骨、猪肉烧卖、蛋黄莲蓉包……吃一些点心，喝几口茶，不知不觉间，一壶普洱茶已经被冲泡十多次，而我们要的点心也居然被慢慢消化了。阿麦说："你现在知道为什么香港人要喝普洱茶了吧，普洱茶最能解腻，喝了它，坐一上午，吃那么多的点心也没有问题。"

另一位本地朋友阿迪，对普洱茶小有收藏。他所藏有的两饼最老的普洱茶，竟是书本上有记载的赫赫有名的"双狮同庆号"（下文简称"同庆号"）和"乾利贞宋聘号"（下文简称"宋聘号"）圆茶。20世纪90年代末，阿迪从一位香港老人手中偶然获得这批茶。老人当时移居澳洲悉尼，把这些茶当作没用的东西顺手送给了阿迪。知道我正在从事普洱茶研究，阿迪带上这两饼茶，和我一道，前去拜访香港本地有名的茶叶专家叶先生。

我们在叶先生雅致的茶馆见面。叶先生轻轻打开茶纸，细细查看紧贴茶饼的纸据说明。茶馆里的好几位服务生听说来了"同庆号"和"宋聘号"，都忍不住停下手里的活儿，纷纷前来围观。从紧压的圆饼，叶先生小心翼翼而又动作熟练地用手分茶。然后挑选了一把紫砂壶，亲自动手，开泡"同庆号"。算上叶先生的两个朋友，我们共有五个人围坐一桌。从开始冲泡到洗茶、到喝完第一泡的大约十分钟之间，无人说话。大家仿佛屏住了呼吸，想要细细体会这难得一遇的老茶。叶先生第一个打破沉默，他说这个茶有一股自然的甘甜，而且这种甜感不止停留在一个点，而是整个嘴巴都好像花开一样的感觉；但是还有一点涩，还可以再存放。阿迪也同意说这个"同庆号"还有一点涩。但当喝到"宋聘号"时，大家共同体验到了什么叫作更上一层楼。叶先生对"宋聘号"的评价很高。可能单纯的感官描述已经不足以表达赞赏，叶先生于是引用了袁枚在《随园食单》里对武夷茶的评价，来形容这一泡"宋聘号"给他带来的美好感觉："平矜释躁，怡情悦性。"

我们聊起这两个茶的身世。给阿迪这两饼的香港老人当时也没有告诉他茶的来历。但是凭借茶叶的包装、附着的票据、茶的模样以及滋味，并参考历史资料，阿迪和叶先生判断，它们的生产时间不会晚于 20 世纪 30 年代。也就是说，这两个茶已经差不多有七十多岁了[①]！紧贴茶饼的一纸票据被称为"内飞"，内飞上的信息告诉我们，这两饼茶产自云南西双版纳下面一个叫作易武的地方。内飞上的文字和图像组合特别有趣，"同庆号"和"宋聘号"是茶叶的品牌名称，其中"宋聘号"以如意图案为标识，文字清楚说明这是"春尖"，即以春天较好的芽尖做成的茶（图 1.1、1.2）。而"同庆号"的内飞则在一幅双狮戏球的图案下面，以一段特别的文字告诉人们，之前"同庆号"用的是另外一个图案标记，龙和马；但因为作假冒充者太多，故此从"现在"开始改用双狮，请消费者认清正品、勿要上当。这一段文字，一方面告诉今天的收藏家们，"同庆号"曾有"龙马同庆"和"双狮同庆"之分，另一方面则说明，普洱茶的作假不只发生在今天，早在 20 世纪初时便已猖獗[②]，而那时的生产者已经拥有明确的防范意识，力求通过商标的独特性来进行防伪。同时，图像和文字加在一起，合力强调茶叶的来源，即"易武正山"。我后来去到易武，听到也遇到了很多来自易武"歪山"的茶叶，即以他山的原料假冒比较有名的易武山的茶叶。所以，"正山"强调的是核心产区或单一产区。正，是真和正宗的意思。

---

① 本书出版时它们已经八十多岁了。
② 更有记述说明，普洱茶以次充好这一现象在 18 世纪中叶已出现（张泓，1998：369）。

图 1.1 双狮同庆号内飞

图 1.2 乾利贞宋聘号内飞

2007 年时七十多岁的"同庆号"和"宋聘号"，我在后来到云南做长期田野调查期间，再没有遇到过。但我看到，正是这样的老茶，催生着今天云南整个普洱茶的经济。在短短的十多年间，和"同庆号""宋聘号"一批的老茶们，价格几度翻番，直到变成天价。我的报告人告诉我，在 20 世纪 80 年代，当香港及台湾的一小部分收藏家注意到这样的茶的价值时，一饼（357 克）大约才一千元人民币；到 20 世纪 90 年代，一饼茶变成一万元；到了 2002 年，类似这样年份的一饼茶曾经以一百万元成交；再到之后，它们完全变成无法用简单的一笔价钱来计算的货品了。它们可遇不可求，成了无价之宝，而消费一饼，就意味着人世间就此又失去了一饼稀世老茶。它们是不可复制的——尽管市场上永远都不缺少高仿品——就如同我们今天无法回转到七十多年前的易武一样。然而有意思的是，这样的老茶又成了一面旗帜，鼓动着人心欲望，号召和激发着今天的人们重返原产地，力求通过模仿，再造出若干饼再经过七十年或许也可以变得价值连城的稀世老茶。于是，一个随之发生的连锁反应是：原产地的新茶的价格被带动了，并且被朝着一种"可能"按照当年老茶制作的方式来生产出炉。

就如同法国的葡萄酒和巧克力一样（Ulin，1996；Guy，2003；Terrio，2005），普洱茶的意义在一定的时间段内，也是被知识精英所发展和掌控的。即，生产和消费普洱茶的新标准，一开始是由一批港台的资深收藏家和鉴赏家们来带动的。但是其意义和价值最终表现为一种合力、一个被多元人群所共同建构的过程和结果。20 世纪末和 21 世纪初，继精英收藏家和鉴赏家之后不久，更多大大小小的商人、当地生产者、消费者、艺术家、政府、媒体纷纷主动介入，他们来自台湾、大珠三角、云南各地州、国内南北西东，甚至世界范围尤其是东亚和欧美。在"历史"的感召以及对"正宗"的渴望之下，人们纷纷访问易武。一个在老茶内飞上被强调为"易武正山"的小山乡，再次商贾云集，仿佛回到了七十多年前。

历史辉煌

易武位于云南省西双版纳傣族自治州勐腊县，中国和老挝边境。汽车从西双版纳的景洪开出，沿着蜿蜒崎岖的山路，经过大约四个小时方能到达（部分路况改善后需三个小时）。这里的行政级别在 2007 年时为乡，2015 年改为镇。据易武乡政府 2007 年的统计，全乡总面积 864 平方公里，人口 13 000 人。其中 34% 为汉族，另外 66% 为少数民族，主要包括彝（29%）、瑶（21%）、傣（16%）（易武乡政府，2007）。随着外来人口的增多，到 2019 年时，尽管辖区范围不变，但人口总数在 12 年间增长了约 6000 人（易武镇政府，2019）（图 1.3、1.4、1.5）。

图 1.3 易武老建筑为青山田园所环绕（2007 年，孙劲峰拍摄）

2007 年正式开始在易武进行相对长期的田野调查之前，我到过那里两次。第一次是 2002 年 11 月。那时参加一个剧组，去拍摄与茶有关的纪录片，只待了一天。第二次是 2006 年 2 月，一次个人研究的初步考察，待了一周。虽然位于一个傣族自治州，易武的老街上却矗立着一座座砖瓦和木制的汉式四合院，一座四合院就是一户人家。爬到某座四合院的顶层，可以看到不

图 1.4　目前易武有多民族混居（孙劲峰拍摄）

图 1.5　家门口就是青石板老街

远的山林郁郁葱葱，据说那便是采茶的所在。家前院后，一派田园风光，或一畦瓜菜，或一片芭蕉竹林。青石板路串联起一座座四合院，并延伸向据说可以把茶叶等物资贩运和交换贸易的远方。而茶叶就在四合院里完成制作，灶台、石头磨具等齐放在墙角一隅，三四个人一组即可完成普洱圆茶的生产流水。一切都是手工的，一饼茶的出炉和四合院里一户人家的吃饭穿衣、养猪喂鸡时时交织在一起。

我对易武的更多了解，最初来自一位名叫张毅的老人①。他曾任易武乡长，退休后又负责编纂乡志，是易武普洱圆茶的手工制作在沉寂半个世纪以后重又振兴的领军人物。2002 年时，剧组请他当向导。他于是带领我们敲开一家家四合院门，介绍半个多世纪以前住在这些房子里的人和茶的历史。他有说不完的故事，并且当时正在动手将这些故事写进书里。住在四合院里的街坊邻居和张毅亲切地攀谈，他们都操着一种浓浓的云南地方口音——石屏方言，一种隶属于北方官话的云南汉族地方话。他们的祖先据说在 17 世纪中至 18 世纪时从位于云南东南部的石屏（现在隶属云南省红河哈尼族自治州）迁来。后世子孙乡音不改，以至于影响到了这一带的少数民族说汉话的口音。在石屏汉人到来之前，易武及附近山区的主体居民是"本人"，那时他们已经植茶用茶，被当时西双版纳的傣族土司管治。"本人"这个族群在后来官方的民族识别中已不存在，而被划归为彝

① 张毅先生于 2008 年病逝。我向他为易武普洱茶文化做出的贡献、为我的研究给予的启发和帮助，致以深深的敬意和谢意。

族。但有研究者认为"本人"应该属于布朗族（木霁弘，2005），也有的研究者论证认为"本人"更靠近哈尼族（高发倡，2009：29）。有的当地人至今自称"本人"，但在填写正规文件表格时则写"彝族"，和官方识别相一致。

一份研究指出，在汉人到来之前，易武和附近一带的山地民族，植茶面积已达至少5000亩（詹英佩，2006：75-77）。从石屏迁移而来的汉人迅速发现了茶的可利用价值，通过各种手段加入植茶用茶的行列：或正当购买，或偷偷占用，或清理荒地自行垦植，或和傣族头人结成姻亲以获取更多土地权（刀永明，1983：61；刘敏江，1983：57-58；Hill，1989：332），从此以茶为生。在原住民族和外来汉族的共同努力下，易武及附近地方的茶园面积逐渐扩大。当时汉族更具优势的是在组织茶叶的精加工及对外运输和贸易方面。所谓精加工，即从各处茶园茶山收购已经经过粗制加工所得的干毛茶，在汉族家庭成立的私人茶庄商号里完成选梗、蒸压、包装等步骤，最后将紧压成圆饼形的普洱茶用骡马驮运出去贩卖。"同庆号"成立的时间在18至19世纪之间，被认为是最早出现在易武的大商号，但具体出现的年份曾有争议（邓时海，2004；詹英佩，2006）。其他有名的商号诸如"同兴号""福元昌号""宋聘号""车顺号""同昌号"等，都在清末民初时极为兴盛，他们组织普洱茶制作、贩卖甚至运输。成书于1799年、清人檀萃的《滇海虞衡志》记述这一带的情况说，"入山做茶者，数十万人"（檀萃，1981：387）。

今天易武老街上矗立的一座座四合院，许多就是当年盛极一时的茶叶商号。有的房屋已经几易其主，但在门口挂个招牌，比如"同兴号原址"；有的商号的房子则已烟消云散，连旧址究竟在哪里都充满争议，比如像"同庆号"；有的四合院走进去，则令人惊喜地发现，还是原商号的后代在居住。2002 年，张毅先生带我们走进的"车顺号"就是如此情形。当时房主从四合院的一堆杂物中翻出一块匾，上写"瑞贡天朝"四个大字。剧组赶紧拍摄记录下这个场景，因此还必须付给房主人十元钱（相当于那一年一饼当地生普的价钱）。这块板子看似不起眼，却是这家人世代引以为傲的荣誉。"车顺号"的祖先曾经献茶给清朝的皇帝，这块匾是皇帝对他们的封赏。就像张毅所说，这不仅是"车顺号"的骄傲，也是易武人，乃至整个古六大茶山的骄傲。

"古六大茶山"是对易武及其附近几座绵绵相连的茶山的旧称，它们包括：倚邦、蛮砖、革登、莽枝、攸乐、易武（另有其他说法，例如易武被并到漫撒茶山之下，或者没有莽枝）（詹英佩，2006；蒋铨，2006；赵志淳，1988）。在今天的地理区划中，西双版纳由三个部分组成：勐腊县、勐海县、景洪市。除了攸乐隶属景洪市，其他几座茶山都属于勐腊县，并位于澜沧江东岸，史称"江右"。清中叶以来，古六大茶山的声名是和贡茶联系在一起的。易武的"车顺号"向清朝皇帝献茶，只是这一带进奉贡茶的案例之一。18 世纪中期以前，西双版纳隶属傣族头领管辖，明代称其为"车里宣慰使司"，府署位于景洪。在清朝雍正时期针对边疆开始的"改土归流"运动之下，中央势力逐渐渗透到这里，当地土官被改换为清政府派遣的大臣。1729 年清政府建立了普洱府（位于今天普洱市宁洱县，亦即 2007 年改名以前的普洱县），勐腊及下面的六大茶山（图1.6）划归普洱府，从此这一带的茶叶被正式纳入了朝贡体系。[①]

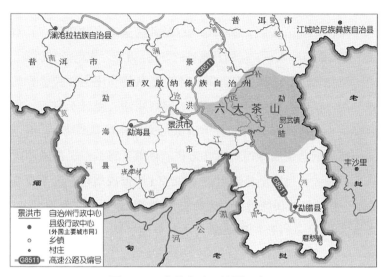

图1.6 六大茶山地理位置示意图

六大茶山最有名的贡茶并非出自易武，而是倚邦。现存最老的普洱茶被称为"人头贡茶"或"金瓜贡茶"（因其紧压成人头形或南瓜形），已有一百多岁，即产自倚邦的曼松茶山，在清理清宫遗物的时候被发现。据说其他遗留下来的贡茶，比如龙井，已经成灰成末，只有紧压形的人头（金瓜）贡茶还完好无缺（邓时海，2004；普洱，2007a）。进贡人头（金瓜）贡茶的倚邦，从18世纪50年代以来，一直是六大茶山一带的政治和商

---

① 有学者指出，这一带的改土归流及普洱府的建立，与清政府力求将该地茶叶资源纳入直接管控，有着密不可分的关系（Giersch，2006；詹英佩，2006）。

贸中心，而产自倚邦曼松的茶叶，也在精挑细选中被认为滋味最胜，最能达到皇家的品赏标准。倚邦在 20 世纪早期开始衰落，易武取而代之，成为六大茶山新的普洱茶生产和集散中心（詹英佩，2006；张毅，2006a）。以易武为集散点和出发点，有三个重要的茶叶入贡、运输及贸易的方向：北京、东南亚和西藏。

朝向北京是进献贡茶。其实不论是从倚邦还是易武选贡的普洱茶，在原产地只是采撷原料、完成粗制、得到干毛茶。然后必须小心运送到当时的普洱府（后来地点换成思茅），由设立在那里的总茶店专门负责督造精制环节，将散茶压制成团成饼，最后才通过内陆将茶叶送往北京。[①] 据说当时普洱茶享誉京城，作为游牧民族后代、肉食居多的清皇室贵族"夏饮龙井，冬饮普洱"，觉得普洱茶又暖身子又最能解腻（黄桂枢，2005：86‑88）。

朝向东南亚的运输贸易导致了今天所称的"第二代普洱茶"的诞生，也称"号字级普洱"。留到现在最老的已有七八十年，仅次于人头（金瓜）贡茶，如本章开始讲述的"同庆号""宋聘号"。19 世纪和 20 世纪早期，现代交通运输尚未出现，从附近茶山集散到易武的茶叶，做成圆形紧压的普洱茶，用骡马驮运一路向南向东，可到达越南的老街或老挝的丰沙里，然后再到东南亚的港口城市，如越南的海防、泰国的曼谷。从这些港口城市，普洱茶进一步通过海运或其他更多的陆运，抵达香港或

---

① 关于这段历史，有的说是送到普洱，有的说是送到思茅。综合各种，比较合理的说法是：贡茶督造即精制是在普洱，再由设在思茅的总茶店负责之后全部的贡茶事宜（黄桂枢，2005：88‑90；雷平阳，2000：28；倪蜕，1981：593‑594）。

其他城市。陆路的骡马运输通常由六大茶山一带的汉人主导，而海运的阶段则一般会交接到广东商人手中（Prasertkul，1989：51，73－74；罗群，2004：244；邹家驹，2005：57；詹英佩，2006：83）。产自六大茶山的普洱茶就这样流转到了香港，在那里被消费、囤积，再转运买卖。而饮用普洱茶也不知不觉变成了大珠三角一带的饮食习惯，就如本章开头在"莲香楼"我的香港朋友所说的那样，"普洱茶最能解腻"。

　　消费地对"解腻"的需求是促使原产地的普洱茶不断被外运和销售的重要动力。同样的情况发生在藏区，西藏其实是历史上云南茶叶的最大买主。西藏人以肉食为主，饮食成分中缺少维生素，而茶叶对此是极大的补足（木霁弘等，1992）。茶叶入藏的时间，一种流行的说法是 8 世纪唐朝时从中原传入（Hill，1989；Yang Bin，2004），但也有学者从语言学入手论证指出，早在 3—4 世纪魏晋时期，云南产的茶叶可能就已经传入西藏了（杨海潮，2010）。滇茶入藏在明代有明显增长，到了清代达到更高峰。1661 年清政府在云南西北的永胜开始设立专管部门，为入滇购买茶叶和其他货品的藏人发放许可证，1748 年地点变更到丽江。拿到许可证以后，商帮方可进一步深入云南南部茶叶的集散地普洱（Hill，1989；方国瑜，2001：429；周红杰，2004：4）。[①] 滇茶入藏在民国时期继续，但因为战乱等时有中断，或者不得不更改运输路线。据易武的老人回忆，1945 年抗

---

① 更多时候，藏人的马帮到达丽江永胜进行交易，而其余路线以汉族和回族马帮为主（Hill，1989）。后面讲到的藏人马帮直接到达产茶地易武的情形其实是偏少的。

日战争刚结束时，一群长得高大魁梧的西藏人赶着骡马，经过长途跋涉来到易武。因为抗战期间路线封堵，西藏人已经许久没有买到云南的茶叶了。一个夸张的故事说，因为对茶叶饥渴已极，来到易武的藏人把在鸡窝里发现的一块茶饼也买走了。

影响易武和六大茶山一带茶叶贸易的原因不外乎天灾、人祸、战争和政策变更。二战之后紧接着国内又是解放战争，茶叶滞销。新中国成立之后不久，在 20 世纪 50 年代初开始了对私有经济的改造，六大茶山的私人茶庄全部被收归国有。从此之后长达半个世纪的时间里，易武一带只是生产毛茶，供应给云南其他地方的国营茶厂，自己则不再紧压毛茶成饼（张毅，2006b：34）。20 世纪 50 年代到 70 年代，在以阶级斗争为纲的形势下，云南的国营茶厂也未放松过茶叶生产。一方面，要生产"边销茶"供应给邻近的藏区，这被视为维系民族关系的头等大事；另一方面，云南茶叶被销售到香港、澳门，以及东南亚乃至欧洲，这是当时为国家赚取外汇的重要渠道（云南茶叶进出口公司，1993：7－11，160－165）。其中以香港尤为重要，因为它在相当时间里成为内地和国际物资集散转运的关键交接点，而港人长期以来也早已形成了消费普洱茶的习惯，所以"普洱茶存在香港"一说不无道理。

1997 年香港回归前后，不少港人移居海外观望，并就此将之前已经存储多年的普洱茶向外抛售。一批台湾茶人成为这些普洱茶的最大买主，他们迅速意识到普洱茶所具有的独特的长期存放和升值空间，并开始了对普洱茶原产地的追问。在普洱茶的历史上，颇有意思的是，并不是一直在生产普洱茶的云南人，也不是长期以来一直在消费普洱茶的香港人，而是台湾人萌生了要透彻了解这个茶的前世今生的愿望，并将这种愿望付诸了行动。台湾人邓先生即基于自己在马来西亚和家乡喝普洱老茶的经验，以及 20 世纪 90 年代到云南茶山茶厂的走访，撰写了《普洱茶》一书。该书的简体版于 21 世纪初在昆明出版（邓时海，2004），被当时正对普洱茶开始进行探索的人们称为"普洱茶圣经"。"越陈越香"这样的概念随着这本书的出版而渐渐深入人心。另一本较早提到普洱茶且颇具影响力的参考资料为《方圆之缘：深探紧压茶世界》，亦由台湾人写成，该资料记述了 1994 年一群台湾的"茶疯子"（作者语）首次前往云南尤其是易武的旅行（曾至贤，2006）。我在易武访问了当时参加过那次旅行的几位台湾茶人，也访问了当时与这批台湾客人正面接触过的易武当地人，发现那次旅行以及不久之后发生的台湾与易武人之间的合作，对易武普洱茶后来的发展起到了不同凡响的作用。

我在易武遇到台湾的吕先生，他向我讲述了他们一行十多人于 1994 年第一次探访云南、探访易武的经历。他们带着从香港人手中买到的老字号普洱茶来到云南，想要拜访茶的原产地。旅行之前，他们多方查阅资料。吕先生特别提到《版纳文史资料选辑》（第四辑），因为正是通过这本书他们才得知，像"同庆号""同兴号"这样的老茶均产自云南西双版纳下面一个叫作易武的地方。但是到了昆明、思茅和景洪，他们却被当地人告知，没有必要去什么易武，因为那里并不产普洱茶。愕然之际，吕先生等人慢慢了解到，当时在云南通行被称为普洱茶的，大多是经过人工渥堆发酵的熟茶，主要产自昆明茶厂、勐海茶厂这样的国营茶厂。带队的当地导游，虽则接待过许多来访西双版纳的团队，却并不知道易武是个什么地方。在吕先生等人的坚持下，导游最后勉强同意寻路，于是一行人从景洪坐车沿澜沧江向东，蜿蜒颠簸，好不容易来到叫作易武的这个地方。

呈现在吕先生一行人眼前的，是一个衰败破旧的小山村。这儿有一处简陋的政府招待所，一家勉强可以炒菜的小饭馆。瓦屋茅房，土石烂路，年久失修。最让人失望的是，没有哪一户人家还在生产圆饼普洱茶。讲起老茶，当地人更是一问三不知。揉茶压茶的技艺，已在这里中断长达半个世纪。尽管失望至极，但吕先生一行觉得既然来了，就应该尽量做点什么。于是他们努力挖掘正面因素：其一，优良的茶树资源还在，当地人还在采摘茶叶、制作毛茶，尽管这些毛茶最后是卖到勐海茶厂；其二，一些半个世纪以前曾经参与过老茶庄揉茶和压茶的老人还活着，石磨虽然没有人用，却可以找到几个以前遗留下来的；其三，台湾人自己手中携带着早年产自易武的圆饼茶，可以作为示范。

当时在易武乡政府工作的赵书记，参与了接待这批台湾客人。他向我回忆了当年与吕先生一行的遭遇给他带来的震撼：

> 我们根本搞不懂，这些台湾人来我们这里干嘛。那么远，那么穷，什么也没有。吕先生是他们那队台湾人的领头，他有一天拿出一个茶来泡给我们喝，说是原来我们这里做的，是"同庆号"的。我觉得那个茶很特别，喝起来

很滑很甜，是我从来没有喝过的茶的味道。吕先生让我们猜，这样一饼茶在外面卖多少钱。我大着胆子说，会不会是四五百块一饼。自己心里说，怕是猜高啦。结果吕先生告诉我们，这么一饼茶在台湾现在要卖一万五千块人民币。我当时真的是不敢相信自己的耳朵！

经过多番协调和考虑，易武乡政府最后决定，应该尽力满足台湾客人的请求。人们意识到这批台湾客人远道而来不容易；海峡两岸关系显而易见正在不断改善；更重要的是，易武普洱茶的声望和价值从台湾客人的口里听来竟然如此之高，这令人欣喜。于是，一个临时的学习及合作班就此成立，两位七八十岁高龄、曾经于1949年之前在"同庆号"做过茶的老师傅被请了出来，担当学习班的老师。精制圆饼茶的关键器具——手工石磨，找到几个旧的，又打制了一些新的。台湾吕先生等人携带而来的老茶饼则是学习和模仿的重要参照实物。当时正在乡政府工作、承担着撰写乡志任务的张毅，是学员当中的佼佼者。他聪明勤学动手快，又熟知历史，成了在易武重新拾起手工石磨圆茶生产、并于不久之后与台湾人开启贸易合作的先行者。

易武味和勐海味

2002年11月，张毅先生在易武为我当时参加拍摄的纪录片剧组展示了手工石磨压制普洱茶的技艺。他在自家的小院里生起柴火，四五个石磨一字摆开放在空地，一旁的竹箩筐里装着他最近精心选购而来的干毛茶。他用手抓起一大把干毛茶，放进一个圆柱形的铝筒，连茶带筒摆到一个天平秤上。当达到合适的重量时，便将筒置于锅灶的蒸汽之上。高温作用下，蓬松的干毛茶迅速在筒里变得湿润并收缩。大约经过十秒左右的蒸热，张毅把筒拿下，反转，将变软的茶叶全部倒进一个布袋里。他戴上麻手套，迅速用手为又烫又软的布袋塑形，直至它变成一个圆饼，中间厚、四周薄，上表面平滑，下底面则通过布袋口打结，形成一个浅凹的圆槽。然后把这个圆饼放到一块石磨下面，人则站到石磨上，通过身体的重量和微微的扭动，将茶压紧。紧压大约两分钟后，张毅把布袋茶从石磨下面抽出来，放到架子上阴干。等到温度降低，便将茶从布袋里剥离出来，并进一步干燥、包装。最后，七饼圆茶用竹壳包成一个圆筒，俗称"七子饼"（图 1.7 - 1.10）。

这便是手工制作普洱茶的方式，在易武及六大茶山一带古已有之，又在中断了大约半个世纪之后，于 20 世纪 90 年代中后

图 1.7　散毛茶称重，紧接着蒸软　　图 1.8　散茶装布袋塑形

图 1.9 石磨和压过的圆饼（孙劲峰拍摄）

图 1.10 晒在老房子阳台上的一筒筒七子饼（孙劲峰拍摄）

期再次振兴。与手工相对的，是机器压制，在西双版纳的勐海一带盛行。以易武为代表的六大茶山，和勐海一样，同属西双版纳，以澜沧江为界，前者大都位于江右，后者位于江左。地理位置、历史沿革、政策变更和文化殊同，让这两个同处西双版纳的普洱茶产地形成了诸多有趣的对比。

普洱茶产业在云南的振兴，并不仅仅是茶叶经济的兴起，更包藏着诸多文化身份的新型认同和建构。而每一种身份认同，总是在建构"我"的同时，对照着一个"他"，即某种比较的参照物（Baumann，1992；Ohnuki-Tierney，1993）。关于这一点，第三章还有更多介绍。本节将放在与勐海相比较的视野里，来凸显易武在茶叶制作生产上的特点。

易武和勐海都有丰富的茶树资源，都有百年以上的古茶树，也都有后期开垦的台地茶园。总体来说两者同属澜沧江流域地理气候，茶叶在品质特征方面拥有诸多共性。但因为细微的土壤、气候、海拔等条件的差异，导致两地茶叶滋味有别。生产加工方式上，在粗制环节，两地都采用类似的步骤：采茶、炒茶、揉捻、晒干。在精制环节，两地曾具有明显分歧：勐海以大规模机器生产而著称，易武则以小手工家庭作坊而出名；勐海以生产熟茶、易武以制作生茶而各自引以为傲。虽然到了今天，手工和机器方式已经在易武和勐海同时混用，熟茶和生茶也在两地同时生产，但两者在生产规模以及相应的"文化资本"上却一直存在着诸多区别。这些区别，是由历史上的茶叶生产格局延绵影响至今的。

从 18 世纪中后期到 20 世纪初，当易武一带声名鹊起、进献贡茶、七子饼远销香港南洋之际，勐海茶名气相对不如。不过，易武一带高山盘绕，而勐海的中心集镇则位于平坝，在现代交通崛起之后，后者的地理和运输优势便不可同日而语。1938年，由民国政府一手管控的国营茶厂在勐海成立，俗称"勐海茶厂"，隶属中国茶叶总公司，由此正式打破了西双版纳茶业一边倒向易武一带六大茶山的局势。易武那时还在秉承着手工制茶的传统，而勐海从国营茶厂一成立起，便从临近的英属印度、缅甸运进现代化机器，开始了机械化制茶。这种制茶技艺上的分歧之后一直延续。直至二零零几年的时候，在易武，对于加工茶的单位，人们多以"茶庄"来形容，而勐海，则到处是"茶厂"。前者是小型的私人家庭作坊，手工流程；后者则是大规模的公司化运作，机器生产。其实当勐海茶厂于1938年建立之时，六大茶山一带的茶业正在走下坡路：二战导致道路运输的封锁，再加上各种不期而遇的其他因素，例如倚邦突遇大火，私人茶庄又在20世纪50年代收归国有……六大茶山的普洱茶生产和贸易于是逐渐衰落（张毅，2006b：75 - 77；詹英佩，2007：39 - 40）。

另外一个明显的转折点发生于1973年。其时应外面消费市场的需求，一种通过人工渥堆的方式来加速普洱茶后发酵的方法在国营昆明茶厂诞生，然后很快传入勐海，并在国营勐海茶厂有了更成熟的发展。这种方法可以使毛茶于两三个月的时间里发生微生物酶促反应，让普洱茶快速由生变熟，产生了后来通称的相对于"生茶"而言的"熟茶"（雷平阳，2000；周红杰，2004）。勐海因其独特的气候条件和发酵工艺而成为熟茶生产的大本营，生产出来的熟茶滋味甘滑，俗称"勐海味"。

熟茶的生产技艺要比生茶复杂得多，但是长时期以来却为易武人所不齿。易武没有成立过什么国营茶厂，熟茶的技艺在相当一段时期内也不曾流转到这里。当我 2007、2008 和 2009 年几度到易武时，易武鲜有人懂得熟茶之道，也并不喝熟茶。虽然有个别制茶人逐渐开始了熟茶制作，或某些人家的桌子上偶然会出现熟茶，但总的来说，生茶才是这里的主导。我屡次问起原因，当地人会说，"那不是我们的传统"，或者直白地说，"我们不懂怎么做"。这表明，易武一直以来都是小型家庭作坊，而熟茶制作则是需要一定专业工厂规模的。再进一步，有易武人说，"如果用易武茶去做熟茶，就相当于用火把一堆钱烧掉"。这是一个三十出头的易武当地年轻人的原话。其言下之意是指易武茶叶资源好，做生茶才能彰显其自然品质。更有甚者，直接给予熟茶完全负面的形象。我曾听闻好几位易武当地妇女，仿佛戳穿别人不好的隐私一般议论说："我们看过那边做熟茶的过程，脏得很，根本不敢喝，喝了要生病的！"她们所说的"脏"，即指熟茶制作过程中茶叶堆积、在一定温度下产生特殊菌群、发生后发酵的环节。

制作生茶固然是易武的传统，但当地人对生茶、尤其是对手工制作的生茶的厚爱，无疑又受到了外来人、特别是台湾人所带来的影响。我访问过的几位常到易武来收茶的台湾商人，把他们对生茶的偏好归于对过去的尊重。对现在奇货可居的老"同庆号"、老"同兴号"、老"宋聘号"，他们说，哪一饼不是从生茶经过漫长的自然发酵而得来？也就是说，他们强调的是历史的"原本性"(the concept of originality)(Yu Shuenn-Der，2010：133)。而且在紧压方式上，也有相当一部分——即便不是全部——台湾茶人更认同手工石磨而不是机器压制。我访问过的一位台湾茶人曾经拿出两块茶饼来为我作比较，一块手工石磨压制，另一块机器压制。他拿着手工饼说："这个显然更松更厚一些，我用手轻轻一剥，就可以分出一泡茶，不会把茶叶太弄碎。"又捏捏机器饼说，"这个很紧，就像铁饼一样，光用手是很难掰开的，通常都要用茶刀。"在他看来，手工压制的饼因为松软，更能与空气接触，也就更有利于自然存放和发酵。这种对手工、对自然、对"生"的赞美，被一些普洱茶作家上升到较为抽象的层次，认为这样的茶品代表了一种更高的文化境界，契合了道家的自然之道。

在人类学家列维-施特劳斯的阐释里，"生与熟"是一个二元对立的概念，烹调——一种人为介入——是促使食物由生转熟的重要手段，在此过程中，人创造了文化。人为介入越多，食物就距离自然越远，与此同时距离文化更近(Lévi-Strauss，1970；2008；Leach，1970)。按照此理，手工石磨比机器生产嵌入了更多的人工，会促使普洱茶距离自然越来越远、距离文化越来越近。但是对"生茶派"来说，这样理解显然是远远不够甚至是不正确的。他们认为，恰恰是手工的方式，才代表了一种与自然贴近的完美境界。这种认识受到中国传统哲学思想、特别是道家思想的影响，视人与自然的合一为最高法则，而人的行为方式也应该模仿和追随自然之道。隶属东亚文化系统的日本，同样遵循着这一法则。日本的烹调艺术，即主张"尽量体现食材的原味"（Ashkenazi and Jacob，2000：86）。如果依循这样的东方思想来理解的话，手工石磨制作的生普并非不承认人工介入，而是强调这种人为介入要尽量地贴近自然和润物无声。所以，文化在被塑造的过程中不一定远离了自然，相反，文化需要以一种不着痕迹的仿自然的方式来被创造。就像中国传统园林的造园之道所阐释的"虽由人作，宛由天开"（计成，2018：16）。

即便跳出东方文化，我们也不难发现，世界许多文化都正在越来越倾向于赋予人工作品正面的象征意义。手作和本土文化具有更大的关联，每一件作品都自有其特质，可以展现独特的文化本真性，并常被人们用以反抗全球化的生产和消费（Terrio，2005）。所以，易武人，以及喜爱易武手工制作、自然发酵的"生茶派"人士，用这种倾向来代言自己对自然、对文化的理解。我的某些报告人说，熟茶虽然也是人为的，但那种人为方式不够自然，并且熟茶的后发酵依赖特殊的专业技术，这个过程是由一般消费者并不知道是谁的"他者"来完成的；而生茶则可以由消费者购得以后，经过自己之手自然储存。即，生茶的后发酵是由购买者自己动手来完成的，因为有了个体的参与而显得更加有源可溯、真实可辨。生茶由此被赋予了更多的个性化品质。

对一个外来收茶人（茶商）来说，选择与小型的茶庄合作，还是选择到大规模的公司和茶厂去订货，有时也包含着某种文化逻辑。选择前者的茶商，其自身的经营规模相对来说也是偏小的，对应着易武的小规模私人手工作坊。有许多这样的茶商，吃住都和当地家庭一起，一待就是两三个月。他们和当地家庭建立了某些不成文但却颇具相互信任感的口头约定，包括谁帮谁收茶、代加工的价格、谁监督谁称茶、包装的方式，等等。有时，在面对共同的风险时，外来茶商可能和在地家庭并肩作战，相互协助。当然，也有时因为利益之别，彼此争执、伤了和气。能不能够继续合作下去，还要看彼此心胸的宽窄以及对未来的长远考虑。总之，正是在这样一系列的约定、协作和冲突中，一个外来的茶商才可能慢慢"转生为熟"，在当地人眼里由一个"生人"变成一个"熟人"；双方的关系基于金钱买卖，但在时间的打磨里却包含了越来越多的人情。所以，一些茶商认为，选择与小规模家庭作坊打交道，也是因为对人情的看重，只要关系处理好，那么整个过程是"暖"的，不像和大公司大茶厂打交道，没有细腻的人情交织，是"冷"的。这也反映出中国社会之个人与群体之间难解难分的纽带：一个人与另一个人的关系，没有完全固定不变的界限；一个人的身份特征的构筑，也并不完全取决于天然的人性，而是"在社会关系中被时时创造、变换和拆解的"（Yang，1989：40；亦见费孝通，2004）。

除了贸易协作的方式，人们对易武和勐海的更直接比较，体现在两地所产普洱茶的滋味上。易武一带土壤偏酸性，勐海一带土壤偏碱性，带来两地茶味的殊异。长时期以来，易武主要制作生茶，而勐海逐渐将生茶和熟茶并重。"勐海味"原来主要指该地所产熟茶，甘醇而滑，有赖于得天独厚的气候、水土条件和成熟的人工渥堆发酵工艺。后来也慢慢扩散用于指称勐海所产的生茶，特别意指茶味厚重、即便初入口苦涩但却能够回甘悠长，即许多外来茶商茶人所称的"霸气"。[①] 勐海茶的价格曾一度比不上易武，但后来勐海一带的几座山头、尤以老班章为首，价格超过了易武等六大茶山，成为西双版纳之冠。

相比于勐海之"霸气"，易武及六大茶山一带的茶是被以"柔""甜""顺"之类的词语来形容的。喜爱易武这一带茶的人认为，原料和制作精良的易武茶和勐海茶都有很好的回甘，但勐海茶的回甘来得过于直接甚或凶猛，而易武茶的回甘却细腻绵长。即便淡，也是淡而有味。用一位在易武收茶多年的朋友的话说，易武茶"淡定天下，回味无穷"。

但是在"勐海派"的人士嘴巴里，易武茶的淡却是个极大的缺陷，淡而无味，缺乏茶气。他们认为，易武茶之所以有名，不过是因为有些历史故事，但终究是个"文化炒作"。

我遇到的一位在易武和勐海同时收茶的茶商，辗转于两地之间，他认为他有资格作一个不偏不倚的论断。他是这样说的：

> 澜沧江是个界限。江左是勐海，那一边广东和香港商人去收茶更多。他们喜欢口味重一点的茶，这可能和他们自己的饮食习惯有关。他们不怎么重视"文化"，主要看重茶的品种和数量。而且刚好，勐海那边大多是大规模的茶

---

① 我 2007 年 4 月在勐海访问张俊，其时任云南省农业科学院茶叶研究所所长。他认为当时所指"勐海味"主要指向熟茶；生茶则因后续存放条件各异，不确定因素较多。

厂。六大茶山在江右，是台湾人的最爱。台湾人比较重视挖掘茶的文化，他们更尊重传统，喜欢有艺术感的东西。和广东人、香港人不同，他们重视的是质量而不是数量。刚好，易武多是小规模的茶庄，家庭手工作坊，可能有质量，但是没法保证数量。所以，依我说，广东和香港人是"收茶"，台湾人是"做茶"。

我遇到的另一位来易武收茶的人，当得知我选择以易武作为主要田野点时，虽非完全了解我的研究方案，但却多次意味深长地说："我觉得你的选择是对的，易武有更多的文化可以挖掘。"

综上所述，勐海代表了一种现代化方式：大规模工厂运作，机器生产，快速发酵，还有"霸气"的茶味。相比之下，易武代表了一种"传统"的延续：小型家庭作坊，手工石磨，慢速自然发酵，淡却回味无穷的茶及其文化。那么易武的文化是什么呢？又是如何被当地人及外来人共同呈现的呢？

文化"朝圣"

包括易武在内的六大茶山，见诸历史著述甚多（例如檀萃，1981；阮福，1981；蒋铨，2006；勐腊县志编纂委员会，1994）。这些历史资料以简练的文字记述了六大茶山一带的概况，重在说明这一带产茶，茶业曾经盛极一时。台湾的吕先生一行最早知道易武时，是通过《版纳文史资料选辑》（第四辑）（赵春洲、张顺高，1988）。1994 年参加吕先生一行首次来到易武的台湾人曾先生，在他的书中某章节专门讲述了他们到达易武一带之后的发现。相比于之前的史料，这本书第一次以文字加彩色图片的方式，"文录"并"图录"了易武及六大茶山的当下。对比之前相对冷静的历史记载，《方圆之缘》加入了充满怀旧之情的万千感慨：

> ……对照着考证的史料，当地老乡绅娓娓道出它们的历史，一幕幕旧日压制茶饼和熙来攘往人潮景象，逐一在脑海中盘旋，望着远处一幢幢外表残破但却仍呈现雕梁画栋的古建筑，循阶而上的斑驳茶马古道，仿佛已回到清末民国初景象，与这些风光一时的老茶庄主人一起神游。（曾至贤，2006）

在曾先生的叙述中，历史与现实交集。虽然手工制茶的传统当时被中断，整个易武在其笔墨和图像下却仿佛一个鲜活而开放的普洱茶博物馆：标志着老茶号旧址的汉式四合院，象征着曾经兴盛的易武茶叶贸易与运输的青石板路，记录了一桩因茶而起的人事官司的断案碑，旧时曾赶马运茶的老马锅头的行装等，都被细细描摹（曾至贤，2006）。这些物件在被用于抒发物事沧桑的怀旧感之时，更被用于证明此地在普洱茶历史上的重要地位。

继《方圆之缘》之后，陆续有新人来访易武，叙写关于此地的故事，包括媒体报道、民族学研究论文、旅游手册。这些记述的共同点在于，以现存的历史遗迹为出发点，进行遗产考古，访问当地人，结合史志，再现易武和古六大茶山曾经的辉煌历史。这样的记述一俟发表，即又成为新的关于易武和六大茶山历史的佐证，吸引着更多的人按文或按图索骥，前来易武和六大茶山探索，或者并不夸张地说——前来朝圣。世界范围内，某种流行叙述有时可能产生的效应是可观的，比如，有的文字可以令某种饮食突然腾空出世、普受欢迎（Appadurai，1988；Ferguson，1998），有的故事可以帮助打造某个地方的旅游业（Ivy，1995），甚至，有的叙述变成了外来人认知和想象一个地方的最重要的依据（Notar，2006b）。

在记述易武普洱茶历史地位这件事上，创作和阅读的人们不仅仅只停留于享受和想象易武曾经的辉煌历史，更重要的是，他们参与进来，为呈现历史的"真实"而争鸣。在普洱茶价值飙升之际，任何一丝有关其产地的历史信息都成为辨别真假普洱茶的重要依托。某家易武老茶叶商号究竟建立于哪个年代变得至关重要，它的一丁点误差都会被人认为是作者在为自己及其利益人手中的茶品制造商业神话，而两饼老茶即便生产时间只是相隔两年，其拍卖价格也将有天壤之别；或者，能否为普洱老茶断代，也验证着叙述人有无澄清真相、把脉历史的本领。所以，许多著作都将发掘和再现易武有关普洱茶的历史"真相"为己任，每一本书的作者都认为只有他自己才正在道出关于易武和关于普洱茶的真知灼见。

我在易武时看到，许多易武做茶人家，都收藏着一本 2006 年出版的名叫《中国普洱茶古六大茶山》的书，作者是詹英佩，曾任云南某报纸媒体记者，当地人亲切地称她为"詹记者"。她对易武周边每一座茶山的历史遗迹和茶庄后人都进行了详细的访问和记录，在过去历史档案的基础上增述了动人的个体和家庭故事，其著作颇受当地人欢迎和重视，也受到不少普洱茶专家的首肯。更有意思的是，詹英佩还绘制了一张六大茶山的示意图，也在易武人家被高高挂起。即便这并不是一张遵循严格意义经纬刻度的现代地图，当地人却对其极为推崇，并提供给新来的访问者，以之作为介绍易武和六大茶山的重要导引。总结起来，人们对詹英佩著述评价之高的最重要原因，在于其叙述的全面、公正和朴实，不隐恶，不虚美。再有，许多当地人目睹了她"一个弱小女子，不怕苦不怕累，到处跋山涉水"（当地人语），所以对她的书的赞誉，也饱含着对她人格和行动的赞美。

后来在昆明见到詹记者，我询问起她写作这本书的由来。她告诉我，除了因为她个人对六大茶山的历史有一种感怀之外，还有一个重要的原因，是想把其他人还没有讲清楚的关于六大茶山的史实讲出来。因为在詹英佩看来，近年来不少外来人（指云南以外）所撰写的关于六大茶山的著作都存在着较多的纰漏，要么把"同庆号"成立的时间写错了，要么没有能够把六大茶山之所以在清末民国初年兴盛的原因讲清楚。而作为一个云南人，她觉得自己有责任、也有能力澄清这些事情。

感觉到有责任为易武撰写真实历史的，还有易武本地人。张毅先生亦在其中。他早年负责编纂易武乡志，对易武和六大茶山一带的历史早已了然于胸，在与台湾人合作普洱茶生意的过程

中，也陆陆续续书写了不少文字，但因为种种原因，他的著作
《古六大茶山纪实》推迟到 2006 年方才出版（张毅，2006a）。
与此同时，张毅先生成了电视明星，到此拍摄新闻报道、纪录
片专题片的媒体，总少不了把他请出来。另一位是易武当地的
中学老师，他也在潜心钻研，撰写著作。他有一种作为六大茶
山人的自豪与自信："只有本地人讲得清本地的事！"

随着外来和本地调研及撰写六大茶山历史的人日益增多，
当地人越来越意识到"历史"对于他们的价值：追问历史，意味
着重拾六大茶山曾经的茶业辉煌，从而可以帮助再塑今日普洱
茶事业的兴盛。于是，许多当地人热衷于向来访者介绍本地的
历史，临时当个导游带人去看一看老街老房子，辨一辨断案碑，
走一走还留存的青石板路，游览一下在原来一座大庙的基础上
翻修新建的六大茶山博物馆（2006 年建成）。

"历史"陡然之间变得如此重要，这使得我在易武和六大茶
山的田野调查变得从不寂寞。总有热心人乐意为我介绍这儿介
绍那儿，侃侃祖辈，说说古今，泡个茶边喝边聊。茶水伴着历
史，喝起来仿佛更添了滋味。尽管从一开始我就告诉人们，我
来自学校，做的是学术调查，但是总有人觉得我是记者，猜度
我可能和以前来过的詹记者一样，要写一本畅销书。在我拿起
相机或者摄像机的时候，许多当地人可能更加坚定了这样的判
断。再有，我总是在前去探访某些地方的时候遇到"同道"。真
正前来采访的记者很多，这自不用说。让我更觉得有意思的，
是遇到常规宣传报道机构之外的个人和小群体，他们也在孜孜
不倦地收集资料准备著书立作。雷大哥就是其中的一位。当我

在易武结识他的时候，他带队七八人，已经在附近的茶山行走将近一个多月了。他们一队人分工严密：有人负责联络和后勤，有人负责采集各山头的茶叶、制成标本，有人专司拍照，雷大哥则负责总带队，特别是负责采访讲得出过去历史的老人。偶有几次我和他们并肩作战，同去某些村寨采访，从而得以观察雷大哥与若干当地人访谈的过程。其问题之细腻、态度之谦逊、谈话之老道，常令我忍不住阵阵感叹：是不是一流的田野调查，并不是从人类学的教室可以简单修来的！

为什么要来调查？要写一本什么样的书呢？我问雷大哥。他说，现在外面都说普洱茶是一个江湖，骗人的东西太多，而他们想要记录茶山的比较真实的历史。可是什么才是真实呢，何以判断孰真孰假？雷大哥说，他的办法是自己不作主观判断，只把采访到的人的话原原本本地放到书中，配上图片、时间、地理坐标，让读者自己去辨别。

不少茶商，虽然没有打算写一本书，但在勤奋收茶的同时也在勤奋学习关于六大茶山的历史。因为显而易见，历史不仅能帮忙鉴别"古董茶"的真假，更能作为一种谈资，为销售的商品增添诸多附加价值。于是，不少茶商会在自己开设于城市的茶馆里挂上茶山的地图、照片、某种来自乡土的老物件；在给消费者泡茶试喝的同时，如果能够说上几段茶山的掌故历史，可能会使那杯茶变得更有"茶气"；而如果能够展示自己前往茶山的亲身经历，则愈发能证明自己的勇气、才能和眼光，一杯在泡的茶也似乎由此变得更真更纯了。

综上所述，在外来茶商、研究者、旅游者和本地人的合力之下，易武被塑造成一个富有"文化"的地方。首先，这种文化是由一系列具体可见的"物"来代表的，如同《方圆之缘》中所记述的：老房子、老街道、牌坊、碑石，等等。许多历史物件已有百年以上历史，如今在易武老街的某一隅静默着。

其次，"物"本身并不说话，而人不断赋予其某种声音。于是，各种关于"物"的历史故事被挖掘、被证实、被讲述。在某种逻辑之下，有历史相当于有文化。而当历史往事与现实世界一相交汇，被唤起的是一种怀旧感。

再次，在易武这样的地方怀旧，和在其他同时期兴起的历史古镇怀旧相比，还多了一种非常重要的元素：普洱茶，一种被称为是"可以喝的古董"的物品。怀旧通常指的是对过往的追忆，但是在"全球化的缠绕"（globalizing twist）之下，怀旧可能变成是"没有记忆观照"（without memory）和"为了当下的"（for the present）（Appadurai，1996：48；Jameson，1983）。比如，既有研究表明，在新的怀旧逻辑之下，年轻的一代即便并没有经历过父辈的事情，也可能通过某种假想，去"追忆"和分享上一辈曾经的生活（Bloch，1998）。再比如，因为历史和政治的原因，苗族现在不仅在国内有分布，同时也散居于世界其他地方。海外的苗族后裔对位于中国的故土充满怀旧，常有一种要和家乡的人们"重新团聚"的愿望，尽管这些后代们其实从未访问过故土，更遑论和故土的告别或重聚（Tapp，2003）。普洱茶所引发的怀旧与此类似。在流行写作中，经过陈放的普洱茶被认为承载了时间的重量，象征着马帮的艰苦旅程，仿佛一个经历了世事的老者，隐藏着从一个不知名的生产者到诸多收藏家的储存和转手的曲折经历（曾至贤，2006；阮殿蓉，2005b；木霁弘，2005）。于是，购买一饼老普洱茶的消费者，其实是在被鼓励参与了一种怀旧，去怀想一段他自己之前未曾参与过的经历。这正是洛文塔尔（Lowenthal，1985：15）所说的"未曾经历过的想象中的过去"（imagined pasts never experienced）。

而到易武这样的地方购买一饼新的生茶，更为旅行到此的人增加了一种新的怀旧形式。在此过程中，购买者可能目睹一饼茶从鲜采、炒揉、蒸压和包装的全过程，然后带回家中，存放某一角落。等到多年后打开来喝，可能会忆起当时到茶山探访的经历，并且可以清楚说出这饼茶的来历、不再需要去想象某个不知名的生产者或诸多转手过的收藏家。而在当初购买这饼茶之际，一种指向未来的怀旧已经寄放在那里了。在此意义上，怀旧变成了不是朝向过去而是朝向未来，依赖于自身而非需要想象他人的经历，一种当下而为、但又是为了未来而封存和准备的意识和行动。

再其次，易武被塑造的"文化"有赖于一种对手工的、"自然的"文化的认定。这在前面对比易武勐海两地时已有分析。

最后，关于易武的文化感和茶在中国文化体系中的地位也有着密不可分的关系。如导论所述，茶在中国文化里可雅可俗，不管在哪一种境况中，它多被赋予正面的抽象意义。在易武，我曾听一个并没有读过太多书的老人说"喝了茶，大家就变得文质彬彬"。他用这句话来教导儿子，希望他少喝酒、多做茶，因为喝酒容易误事，而茶则是他希望儿子继承、并且坚持下去的正业。如果说做茶本来只是一种技术活儿，那么在被赋予了诸多历史意味的易武做茶，这种技术也被赋予了更多的使命感，是为"文化"。

于是，前来易武的宣传报道者、研究者、旅游者，大多怀着一种文化朝圣的期待。而一条经典的易武旅游的路线也在不知不觉中形成。一般来说，游客们会先去参观易武较高的茶树和较老的茶林。尽管这似乎是在强调"自然"而非"文化"的层面，但这一参观之必要，乃在于它能让参观者亲睹原汁原味的易武正山味所依赖的原汁原味的生态环境。

接着，参观者会被当地人建议一定要去走一走古老四合院林立的易武老街片区，踏一踏某段马帮曾经踏过的、现在称为"茶马古道"的青石板路。然后再去参观一下位于老街中心的六大茶山博物馆，里面放置着原老字号制作使用过的老石磨、马帮拴过的马铃、某某茶叶商号的牌匾，等等。

同时，在逛老街之际，游客们也自然便会走进有人家居住的四合院，看看老建筑。主人家一般都热情欢迎，还拿出自家制作的普洱茶来待客。如果这样的普洱茶被游客喜欢，那么一笔即兴的生意可能就做成了。如果非常幸运，游客们也许会赶上这家人正在院子里用石磨压茶。经允许，客人可以参与一下，亲自站到石磨上体会一下传统压茶的感觉，还可以买下这饼他亲自压过的茶。目睹并参与了一饼手工压制的普洱茶如何出炉的全过程后，参观者和产品之前可能还存在的疏离感可能就此缩小，而压制过程本身亦变成一种可消费的展演与参与，成为产品之真实性的某种附加标识（Terrio，2005；Dilley，2004）。

小结　被想象的正山

在本地人与外来者的合力之下，易武及其普洱茶被确立了有关"正宗"的新标准。一方面，这样的事件对于本雅明（Benjamin，1999）关于"原初"（originality）和"本真性"（authenticity）的讨论是一种有趣的回响。本雅明指出，在西方，人们对"本真性"的关注，始于机械化大生产时代来临之际：现代技术之下，照片、电影、打印等应运而生，一件物品被制造的唯一性不复存在，人们对于物的"本真性"的认识受到前所未有的挑战。本雅明指出，"本真"是与"原初"这个概念紧密联系在一起的，因为正宗之物必然具有独一无二的原本的、原创的"光晕"（aura）。

一方面，在易武普洱茶的事例中，台湾的收藏家及相关人群在谈论易武正山时，也非常看重有关这个地方及其茶品原来应该具有的特质的问题。正是这种对原有特质，包括自然生态、传统制茶和文化历史的重视和追念，才促发了外面的人访问原产地、要求恢复传统工艺、催生某种怀旧情愫，以及促发了许多以发现历史真实为己任来叙写易武及其普洱茶故事的行动。但另一方面，易武普洱茶的事例在某些方面同本雅明所阐述的观点发生了分歧，或者说，这种分歧是因为普洱茶事件之复杂，已经超出了本雅明所讨论的时代背景和条件。本雅明认为，事物的原本性和正宗性有赖于它们存在的单一性、独有性以及不可替代性；而当机械化大生产于 19 世纪来临时，复制品应运而生，于是人们开始担心原本性的问题，因为它正面临着来自大规模复制品的挑战。在易武普洱茶的案例中，原本之物，即老普洱茶以及传统手工技艺，是被收藏家和其他茶人茶客们予以了相当的重视、并被确立为正宗的；而与此同时，人们似乎并不对复制品、即新生产的普洱生茶，表示什么担心，因为它也被予以了相当的肯定，也被认定为可以是正宗和原本的。

那么，到底是陈放了多年的老茶还是才生产出来的生茶才是更原本的和正宗的呢？这个问题很难回答。当七八十年前"同庆号""宋聘号"那一批生茶在易武出炉时，生产者并不认为、也无法预测到，这些茶会在许多年后才被拿出来品饮，并且变得价比黄金。也就是说，在台湾人还没有来到易武，以及"越陈越香"的观念还没有广泛流传之前，在云南、在易武，人们并没有把老茶当作正宗的普洱茶。相反，按照云南人以前通常的习惯，一饼茶若放置五年之多，就会离"正宗"越来越遥远，会被弃之不用。按照此理，那么应该是生茶较为正宗了，因为何况它还是老茶曾经的最初形态，显得更原汁原味。然而，现实情况是，当台湾茶人们第一次来到易武时，他们是携带着"同庆号""宋聘号"这样的老茶作为样板、请当地人重新恢复手工制茶工艺的，而这样的老茶及其口感，正是台湾收藏家及后继来访者们梦寐以求要获得的正山普洱茶。可是虽然这样的老茶才被认为是正宗物品，但它们的数量却已经少得可怜，到了"喝一片损失一片"的地步。

于是，一种概念的"灵活转换"诞生了，收藏家们以及其他多种声音有意无意之中达成了一种妥协的共识："同庆号""宋聘号"等老茶的陈韵固然代表着易武正山的滋味，但因其难求，所以这种陈韵之味不得不被暂时抛却一边；人们转而在易武新茶目前的自然、制作、品饮标准以及原产地的文化形象上下功夫，制定新规则；特别是在与"他者"、类似勐海这样的地方的定位比较中，易武普洱茶在形而下和形而上的讨论中都被其爱好者塑造为代表着独特滋味的茶品。同时，易武这个地方本身也被建构为具有历史感的文化茶乡，生产正宗普洱茶的重要场地。也就是说，新的标准表明：港台地区存放着的老茶和正在易武生产的生茶都是正宗的，只要后者是严格按照前者当初出炉时的规矩一样生产的；时间最终会填平鸿沟，生的终有一日会变得跟老的一样可贵。也就是说，本雅明所讲的原本性在这里变得不再单一和独有了，但人们似乎不必为此担心，因为时间的流动（生茶自然发酵、朝老茶转化），再加上空间的转换（从云南运到香港或台湾或其他地方存放），可以使有关原本性的标准在"生"和"老"之间来回游走，在任何一极之上都能自圆其说。也就是说，商业化促生了人们对复制的大量需求，而"原本性"与"正宗性"的神圣感在此商业化心态下变得次要，获得了新的诠释。

可是，一个隐藏的问题是，从易武老茶被生产出来到现在，七八十年间，诸多背景条件都已发生了改变，即，"风土"在发生改变：包括茶树生长的自然环境，生产制作的技艺细节和储藏条件，还有文化环境。现在生产的生茶，能否经过再一个五十年或七十年，变得跟现在的老茶一样好喝，这得打一个问号。

所以，当代也许永远都没有人能够证实什么才是原本，亦无法断定正宗到底何时出现。于是，新近出炉的关于易武正山生茶的一系列标准，在很大程度上依赖于人们的推断、想象以及把运气抛给未来的侥幸心理。这正是阿帕杜莱（Appadurai，1996：49）指出的，在新的全球化秩序中，想象正在成为"一切形式之能动性的核心"（central to all forms of agency）。在易武普洱茶的例子中，界定原本和正宗的标准显得灵活而富于弹性，而关于易武及其普洱茶的想象不仅需要过去，也需要现在和未来。正是这样一种富有高度伸缩性的、跨越了时间和空间而被加以运用的想象，最终使外来者和当地人共同界定了一种物品及其原产地之正宗性的最新标准。

第二章　春天的纠结

QS

2007 年 3 月初，我来到易武，开始一次为时较长的田野调查。从西双版纳的首府景洪坐车，经过四个小时的蜿蜒山路，到达易武时已近黄昏。那时还没有什么预订住宿之说，一切都留待到达之后自己去发现。可供询问的旅馆不过四五家。没想到，许多都已住满。终于在某一家找到一间合适的空房，讲了半天价，老板娘却不肯因为我将在这里停留数月而轻易打折。一算，这里一个月的房价已经相当于当时在昆明市中心翠湖旁边一处不错的公寓的月租了。

住处定下后便到主街上一家小饭馆充饥。虽然已是晚上七点多，饭馆里却人不少。外面的马路上显然还很繁忙，大卡车、皮卡车一辆接一辆地开过，扬起尘土。街对面好几家正在建造房子。吃饭的时候，我心里暗想，这里变得如此繁忙，莫非真的是因为传说中的 QS 已经在这里实施了？QS 是"质量安全"（Quality Safety）的简称，是对包括茶叶在内的食品的生产过程进行管控的某种标准。在这次没有来易武之前，我已经在昆明的某些茶店里听到了风声。

第二天，我决定去找几位以前结识的当地人问一问消息。去年来此遇到的一位郑老师热情好客，他们家朴素而温暖的小院子亦给我留下深刻的印象。他的家地势略高，要沿数十级的小台阶走上，方可叩及大门，门墙上爬满一种金黄色的花藤，俗称"炮仗花"。进门便是一个长方形的小天井，成为一处可以吃饭喝茶的天然的小客厅。不远处一畦菜地，还养了花。这一次，我循着美好的记忆去寻找，然而不知是记性不好还是方向感太差，走来走去，我却找不到他的家门了。正在街上四顾彷徨不知所措之际，被一个到街上买东西的人叫住了，却正是郑老师！他马上热情地邀我到他家喝茶。跟着他走到家门口，我才意识到，这个地方我刚才是经过了的，但是却没有认出来。认不出的原因是门面被进行了改造：原来十多级的小台阶变成了一个缓坡，大门被取消了，墙花也不见了，不远处停着一辆皮卡车，改阶为坡正是为了方便车辆出入。进得院来，发现虽然小天井还在，但是已经不用于吃饭待客、而主要变成通道或晾晒茶叶的地方了。家里的房屋有三分之二被拿出来进行了改造，分隔成4—10平方米大小不等的小房间，每一间的门头上贴着专有的名称，诸如"存茶间""拣梗室""压茶间""烘干室""更衣室"，等等。可用于日常起居的空间剩下不多，郑老师亦为无法提供多余的房间留宿亲朋好友而觉得窘困。

我为郑老师的住家遭此变形而觉可惜，但郑老师却说还好，因为如果不这么做，他就得另寻一个地方，投资新盖一座茶厂，那样花费的钱将比现在增加十倍之多。而现在这么局部改动一下，却已经可以达到 QS 的要求了。

QS 所针对的，是普洱茶制作的精制环节。采茶、炒茶、揉捻、晒干之后得到毛茶，这是粗制过程。将散状的毛茶压制成饼的过程，是精制，包括：拣梗、称茶、蒸压（手工加石磨）、干燥、包装。在 QS 规定没有实施之前，粗制和精制同在一个空间进行，在易武每一户住家自己的四合院里，或室内或天井处，流水完成。空间的大小没有具体规定，只要"挤得过来"（当地人语）就可以。炒茶锅和炒菜锅也许没有严格区分，无非是每次用完清洗干净就行。蒸茶的屋子满是茶香之际，隔壁另一间可能是正在制作家庭酱油的味道。而坐在院子里喝茶的时候，不远处的鸡屎和猪粪气息难免隐隐飘来，给一泡茶增添浓厚的乡土气息。

2004 年，国家质量技术监督总局发出通知，要求食物的生产过程应当有清楚的监管标准，以确保生产过程的干净和食品消费的安全。相应地，2005 年开始，云南省质量技术监督局开始制定并逐步推行关于茶叶生产的 QS 标准。尽管有人私下认为商品附加税会随之上涨，但是对于其所指向的目标——确保茶叶生产干净和安全——大家又觉得理所应当。比如，QS 要求茶叶生产的场地必须和粪池、家禽养殖、医务场所等保持有至少五十米的距离；和农药化肥施放的地点有至少一百米的距离；和工业场所保持更远的距离，等等。再一方面，这一标准要求茶叶的生产空间必须达到一定的大小，原料、附加材料、半成品和成品应该有不同的单独的房间来存放，不能和与茶叶生产无关的东西放置在一起，并且不同的环节应该有不同的设备来进行处理（张顺高、苏芳华，2007：207－222）。

不过，许多人不理解的是，为什么这一标准最后只监管精制，却完全忽略了粗制环节。而且在落实中，它变成了一种扩大生产规模、增加设备，特别是加入机械化生产，并且总的来说是增大投入、增加成本的要求。更关键的是，这一新标准意味着对过去传统的打破。自从"同庆号""同兴号"等老牌商号在易武成立，从清中后期到民国初年六大茶山茶业兴盛的较长时间里，精制生产一直是以家庭作坊为基础来进行的，人们已经理所当然地认为，做茶和日常生活的吃饭穿衣、养鸡养猪缝合在一起，并无不妥。而且，这种方式虽然因战争和政策曾经中断约半个世纪，但是在20世纪90年代中期外面的人来访之后重又振兴。并且，时隔六七十年的老茶，"越陈越香"，其价值的可观，已经证明了老祖宗的那一套做法的正确性。当地人于是追问：为什么一个现代化的新标准，突然横空出世，要打破过去的传统呢？传统不是才得到复兴不久吗？

不管人们如何争执，QS的风声越来越紧。2006年2月，易武的做茶人家都接到了这一正式通知，要求他们立即行动，如果到了2007年还不能通过验收，他们的茶品就不能被标上国家质检部门认可的QS字样，也就不能合法地拿到外面的市场去销售了。这一消息传来，在当地人中激起了很大的波澜。易武人的生活质量虽然因为普洱茶的新近繁荣而正在大步提高，但是QS标准的来临意味着他们得一下子拿出好几十万甚至上百万的钱去进行新的投资。一阵恐慌之下，许多人家觉得，他们可能从此真的再无法做茶了。

不过，有一个折衷方案在部分人之中达成了。这个方案的主张者认为，QS 对于像勐海那样的地方可能是较为顺理成章、比较容易实施的，因为那里本来就有茶厂的基础，所以进一步扩大规模、以达到更为现代化的标准，也在情理之中。但是易武不同，这里的茶叶生产一直是基于小规模家庭作坊的，很多操作历来就在四合院里完成，以手工石磨的方式进行，是易武的传统，不能马上全部抛弃。所以，他们想出来的折衷方案是，允许原来基于手工作坊的人家不必投资建盖新的厂房，而是可以继续在其家庭四合院中做茶，但前提是必须对做茶的空间进行适当的改造，以达到 QS 的最重要指标，比如，每家应有分隔成单元格的不同制作房间，不能再在家里养鸡养猪等。这个方案最后获得西双版纳政府的通过，2006 年 6 月，有 24 户易武人家（相当于当时易武正式做茶人家总数的三分之一左右）参加了这个方案，他们和一家昆明的公司结成同盟，成立了"易武正山茶叶有限公司"（简称正山公司）。每一家各自进行空间改造，全部通过检审后，由政府批准给正山公司一个 QS，即，这25 家单位一起共享一块 QS 的牌子。郑老师就是其中一家。为了这一局部改造，他花去 5 万多，又另外交给"正山公司"2 万元作为加盟费。

我陆陆续续访问了正山公司下面其他的家庭作坊。他们和郑老师家一样，对原家庭房屋格局进行了改造。虽有总公司进行建议和监督，但因为每个家庭的原空间结构不一，所以改造起来也难以实现完全统一。在各显神通之际，大家最终又都在门头上标注完全统一的名称，以示规范。

然而当来到李老先生家时，我终于还是忍不住被震惊到了。李老先生也加盟了正山公司，而他的住家本来就是一所很特别的历史建筑。易武人以主街为轴线，把易武分成老街和新街两部分。主街的南边是新街，郑老师和正山公司下面不少人家位于这一边，他们的房子建造于20世纪五六十年代，样式较新并且没有什么特别，因此不属于保护建筑。主街的北边称老街，汇聚了一批有来历的老房子，诸如老的同兴号、同昌号、福元昌号等的原址。李老先生的家是易武最好的汉式四合院之一，建于20世纪初，被列入了易武文化遗产建筑保护名单。家门口就是一条笔直的青石板路，院落高大有气势，据说在20世纪三四十年代，这里曾被作为当时政府的临时办公驻点。一年前我来过他这里，虽是冬天，四合院却透敞而温暖，天井四围的石墩和圆柱颇有沧桑感但却总体保护良好；二楼除了正厅、两侧偏室，另外单独一边还有一处可俯瞰街道和院内的露台，木栏杆围着，可坐可倚，雅称"美人靠"。

这次踏进李家院子，第一感觉是天井没有那么通透了，主要原因是其中一边的走廊被围堵起来，并且被分隔成了一间间的"存茶室""压茶室"……这些单元格刚好位于露台下方，新空间的白色粉刷和粗糙装置与上方古老的美人靠形成了极不协调的反差。

按理说，李老先生的房屋名列保护建筑，本来是不可以随便乱动的。但是一则建筑保护和QS之间的矛盾无法解决；二则李老先生从易武乡政府退休，有些声望，他要改动自己的房子，别人也不好指责；三则李老先生做茶之心恳切，决不肯因为来个新的标准就轻言放弃。于是，他加盟了正山公司，局部改动住家以求通过 QS。

不过，这所有名的保护建筑很大，李老先生其实只拥有一半。与他一墙之隔的，是何老先生家，一样古老的四合院木式建筑，总体面积只比李老先生的稍小一点。何老先生家同样做茶，但是对于老房子，何老采取的却是截然不同的做法。在何老看来，局部改动老房子，既无益于保护祖先留下的遗产，从长远来看也不意味着可以真正通过 QS。从 QS 风声出来直到现在，他还坚持在老四合院里做茶。他不无骄傲地告诉我，年初，曾有政府带人下来检查 QS 落实情况。在检查完其他进行过临时改造或者单独建了茶厂而有望通过 QS 的地方之后，那一行人最后来到了何家。有趣的是，那天名为检查 QS，但那一行人最后到此并非是来谴责何家，而是为了让团队中的几个外来人看到易武宝贵的"传统"做茶空间及方式。似乎不来看这一面，那么一次关于易武的参观将是不完整的。这让何老觉得受到某种鼓励和暗示。但当他以"保护"为由再次提出申请，允许他以在四合院"干干净净地做茶"（何老的话）的方式而获得 QS 时，却依然被拒。怎么办呢？何家是要继续做茶的。何老的女儿在昆明开了茶店，没有规范 QS 字样的茶饼，怎么向客户交代？何老一边忧虑着，一边又显示出某种自信。我逐渐了解到，他的自信，源于与外面一家较有实力的公司的合作，那家公司已经和何老谈妥，不久就将资助他在易武另寻一块空地来建茶厂。

按照官方统计，到 2007 年 3 月为止，易武做茶人家总数为 50 家，其中正式通过了 QS 的有 36 家，不管他们是以何种各显神通的方式。但是在台面下，大家都说，当地做茶的人家总数绝不止 50 家，实际可能将近 100 家。这也就意味着，想做茶但是尚未通过 QS 的人家还很多。他们将何去何从呢？

涨　价

3 月恰逢春茶采摘时节。中国人普遍认为春茶是一年当中最好的，因为经过冬天的休养生息之后，茶叶积累了较丰厚的内质。易武当地人采春茶、做春茶，忙碌着。外来看茶买茶的人也纷至沓来，一个小山乡突然之间接待着来自世界的访客。待在那里，我遇到过来自国内几乎所有省市的人，其中尤以来自昆明、北京、广东的居多，港台人士也不少。此外还有日本人、韩国人，偶有美国人和欧洲人。茶商最多，其次是茶的爱好者、旅游者和记者。易武街子川流不息，仿佛回应着，历史上曾经的景象："入山做茶者，数十万人。"

旅舍每日热闹非常，我逐渐明白为何老板娘不愿意给我折扣价。从 3 月到 5 月底甚至 6 月，她几乎每天都不缺客人。隔壁的房客来了又走，换了几拨。院子里停的车走马灯似的变换，大约有三分之二的人是自己远程开车来的；其他的如我，坐着中巴车来去。有的客人打个照面以后，再没有机会见到。有的在客店见过之后，又在易武街子某个做茶的人家不期而遇，对方的身份也才渐渐明晰，比如原来这人是个茶商；那人是个游客；这人是个文化人，想来这里探访一番写本书；那人是个画家，来此写生，顺便也做点茶的生意，等等。和有的人一见面就谈得来，人家听说我是做研究的，把他从何而来、为什么来、来了干什么、对普洱茶将来的态势分析等，一并分享。而和有的人则没有缘分，即便在易武街子上来回见了几面，还是觉得没有多少可谈。更多的时候，是不同的人之间心存芥蒂，相互猜疑，把对方当作假想的普洱茶买卖的竞争对手。有一次，我坐在某个当地较熟悉的人家喝茶谈话，撞到一队昆明来的访客，其中带队那一位看我不像当地人，却和这家人似乎相识不浅，于是怀疑我是一个"托"，意思是坐在别人家帮忙哄抬生意的专门人士。这个猜想，他是在我们后来成为不错的朋友之后才告诉我的，令我捧腹。正是这一切，让我时时感觉到，身在易武，就仿佛身处一个雾里看花的江湖世界。而也正是此时，在易武做茶、买茶、辨茶，对许多人来说都变成了巨大的风险和挑战。

在各种访客之中，茶商停留时间较长。特别是以普洱茶为长远生计，并且具备相当责任感的人，他们停留的时间往往和一片树叶从被采摘、制作、包装、成为可以被运走的成品的时间是等长的。当然也有不少茶商，只来两三天，便号称搞定了一切，然后快速离开。许多外来茶商自己在易武没有加工场所，而是选择与某一户当地家庭合作；他们自行收购毛茶后，付钱请在地家庭代为进行精制蒸压。QS 的来临，也意味着他们需要选择与当地已经取得 QS 认证的人家进行合作，否则他们的茶品日后在市场上将是不合规范的。

阿文是一名来自昆明的茶商。当我 2007 年第一次在易武遇到他时，他已经在普洱茶这个行当里面行走五年之久了。每年春茶和秋茶采摘时节，他必来易武，每次一待就是三个月。春茶才刚发芽，他便到了，四处奔走，了解行情，和有茶树的人家谈好协议价；然后一等茶叶开采、制作，便到易武及四周村寨收茶；等毛茶收购到一定的数量时，便集中在某一户长期合作的人家，参与劳动并监督整个精制的过程；直到最后一片茶叶包装好，可以运出了，他这才离开易武返回昆明。

2007 年初春，阿文和不少做茶人都发觉茶价有些异常。大家一开始认为或许是天气异常所致：这个春天特别干旱，茶叶长得很慢。茶叶量的稀缺似乎带来了茶价的上涨。去年秋，每公斤毛茶最贵的卖到 130 元。这个春天，如果价钱上涨 30 到 50 元的话，会被认为属于正常。但是 3 月还不到中旬，较贵的毛茶已经卖到了 300 元一公斤。有一个较有名的村子，居然卖到了 360 元。

阿文决定稍等一等再动手，希望过几天茶价有所回落。他和几个有经验的人士分析认为，除了天气，另外一个原因是：个别来易武短待的"不负责任"的游客，稍微遇到一点好的毛茶，不管三七二十一就买走一两公斤，也不懂讨价还价，结果在大量毛茶都还没有来得及上市之前，就一下子哄抬了物价。

3 月中旬的某一天，郑老师的大儿子郑大从外面回到易武，带来一个消息：同处西双版纳、位于勐海那边的老班章，两个星期前，毛茶已经卖到 800 元一公斤了！不久又有一个传闻说，老班章那边的茶价是有人插手故意抬高的，已经到 1200 元了！这一传闻无法证实，但是有一个故事，大家都传得有模有样：以前去老班章，不论你买不买茶，当地人会用茶水招待，这是待客之道。而现在去，只是发一瓶矿泉水了。因为茶叶更值钱！

这个参照，顿时令待在易武的人觉得，易武的茶价看来还并不算离谱，而价格上涨其实正在整个西双版纳以至整个云南的茶区上演！至于老班章为何成为当年云南茶价的巅峰，有人说，那是因为那边的茶滋味重，所谓"霸气"，因此很受有钱的广东商人的追捧。而老班章的茶量也是有限的，竞争之下，当然价格就抬高了，并进一步影响到其他茶区。于是，在天气、游客之外，易武的人们把来自云南其他茶区的涨价作为了影响易武茶价的第三个重要因素。

茶价上涨时，几家欢喜几家愁。对于只管粗制，即只生产毛茶的人来说，茶价上涨是好事。他们只需按时采茶，炒、揉、晒干完毕，即大功告成。只要基本质量有保证，一般不愁茶叶无人要。而毛茶价格的上涨并不是他们决定的，而是仿佛一夜之间喜从天降。于是，一堆堆的散毛茶，在人们并不夸张的戏谑中，被直接等同于金钱。看到一个人在揉茶，另一个人会酸酸地说："你这不是在揉茶，是在揉钱吧！"而街上如果有人刚刚采茶归来、背上背了一篓筐鲜叶，别人会指着说："他们家今天背了一台彩电回来了！"

对于进行精制，即要把毛茶蒸压成饼以后才能销售的人家来说，茶价上涨却是一件很棘手的事情。有的人家完全依靠从四处收购毛茶，然后进行压制。即便最后的成品能够卖个好价钱，但是购买毛茶的成本费就已经很让人头疼了，而且还得担心压好的茶到底能不能顺利卖出。更何况，还有 QS 带来的投资压力。郑老师家正是这样的状况。他去年秋天的茶卖得很好，只微有存货。但在这个春天到来之前，他为达到 QS 标准、进行房屋改造，刚花去一笔钱；现在，毛茶的价格突然升高，他手里顿感窘迫。他想，要不要等毛茶价格降一点、稳定下来再买；但是他又担心，毛茶总体数量有限，特别是上好质量的毛茶有限，如果太拖延，之后会不会什么都买不到了？

高老先生家也是组织精制压茶的。和郑老师家情况微有不同的是，高家自己也拥有一些茶园。即，高家既做粗制，也做精制。仅靠自家茶园做的毛茶是远远不够的，压不了多少茶饼，于是也得四处采购更多毛茶，最后集中压制。为达到 QS 标准，高家与本地另一家庭合作，在易武寻了一处空地，建起一小座现代化的茶厂。茶厂于 2007 年 3 月底开始启用，被认为是当时易武最像样的一座茶厂。骄傲之余，高老先生和他的朋友却也忧心忡忡：这座茶厂总共花去他们 60 万元，为凑够这笔钱，他们欠了债，可是眼下毛茶价格突然上涨。又要还钱，又要高价收购毛茶，还不能让新建成的茶厂空着什么也不生产，真的是几重矛盾了。

不少人家采取了一种很小心的折衷方案，即在此阶段，只购进少量毛茶，既包括价格相对便宜、质量一般的毛茶，也包括价格较高、质量上乘的毛茶，然后观望以决定下一步该怎么做。不少人家觉得，在没有求得稳定的顾客之前，不可妄自出手大量收集毛茶。于是，一时之间似乎大家都在按兵不动，但似乎又都在虎视眈眈。在当地的做茶人家之间，以及在当地人和外来的收茶人之间，竞争与合作同时并存。

价格的高涨似乎带给人们一种信号：普洱茶正越来越受欢迎，而怎样销售则完全凭借经验，也考验良心。像阿文这样已经经营多年的做茶人，在 2007 年前后默认着一条不成文的买卖规则：一饼 357 克的普洱茶饼，最后卖出价格可以等同于原产地一公斤（1000 克）干毛茶的价格。以此方式买卖，被算作是公允而并不黑心，因为一个收茶人的心血应当得到报偿，并且让其有利可赚。依照此理，去年秋天一公斤毛茶在易武最高卖到 130 元。在昆明的茶叶市场里，如果一饼 357 克标注着产自易武的较好质量的茶，同期卖为 130 元或稍微略高一点，那么这个交易链条总体是良性合理的。但是今年春天，茶价陡涨，即便对于商人来说交易链良性合理，但是对于消费者来说，这意味着昆明茶叶市场里一饼较好的易武茶将被卖到 300 多元了。有多少顾客能够接受这突然升高的价格呢？对于茶商而言，如果成品卖不出去被积压，又何谈有足够的资金去收购更多的毛茶？因此，对于诸多的中小型茶商，茶价陡涨是令人坐立不安的。

但是对于少部分有资本实力的茶商来说，涨价变成了好事。我在易武遇到的一个北京来的茶商是这样说的：

> 茶价涨得是有些离谱，但是对我这样的人来说，是件好事。这样的话，好多实力不够、没法应对的人就会被击败、被驱赶出这个市场。我是有自信的。这就像洗牌嘛，

适者生存！

3 月底传来的另一消息似乎印证着以上这种说法。高老先生在外面跑了一大圈之后，回到易武和人们分享他的发现，说是最近其实有几家大的公司悄悄来了易武，把茶价炒高以后，又马上离开了。大公司的故意炒作，成了天气、游客、地区竞争之外的第四个造成茶价暴涨的因素。这第四个因素也无从确证，但听来有一种诡秘的色彩，让人们觉得有一只无形的手，正在后面悄悄"洗牌"，操控着整个市场。

可以明白看到的是，易武的那个春天，什么都在涨价。当地只有一家复印打印店。我去复印一份资料，发现是昆明的五倍价钱。和店主争个理，店主却说："茶价都涨好多了，我们复印当然也要涨！"令人哭笑不得。与此同时，易武街子上的肉、菜、餐馆、旅店、小超市，无一幸免。到底是茶价上涨引起其他东西价格上涨，还是反之成理，人们众说纷纭。

还有一点很明显，进入普洱茶买卖的人增多了。4 月初的某一天下午，阿文和我刚好都来到郑老师家。我们正要一同喝茶，有个陌生人进来了。他自我介绍叫小徐，家在广州，今天上午刚到易武，是第一次来。很显然他正在寻找可以合作的当地人家。郑老师热情邀请他喝茶，谈谈情况。和其他一些初次见面时支支吾吾、不怎么想透露自己身份的茶商相比，小徐比较坦率。他告诉我们，他在广州开了茶店，为了满足顾客的多种需求，他必须采购云南不同茶山的普洱茶。在他的叙述里，云南之行十分艰辛，就仿佛过去马帮漫长的旅程一样。这个春天的旅行里，为了省钱，他从广州坐火车来到昆明，又在来到易武之前从昆明坐车去过临沧、保山、思茅、勐海等云南产茶区。然而这一路，他被突然高涨的茶价吓倒，没收多少毛茶。都离家将近两月了，还几乎一无所获。颠沛流离又不知何去何从之际，他想干脆回家算了，但是想想日后的生意，又咬牙坚持下来。听人家说起易武的声名，于是他来到这里，希望能有点好运气。但是易武对他来说又是全新的，所以今天四处转转，希望了解一些情况。

郑老师和阿文同情小徐的境况，很乐意同他分享信息。郑老师拿出自家刚做的茶饼来给他看。看着眼前的一片普洱茶饼，小徐叹口气说，他是被迫进入普洱茶行当的。他的茶店位于广州芳村茶叶市场——中国南方最大的茶叶批发市场。在去年之前，他是主营铁观音的，那也是他本人最爱喝的一种茶。但是突然之间，整个芳村市场里，家家都开始卖普洱茶，他自己的稳定客户也开始询问普洱茶。所以，即便本来对普洱茶不怎么感兴趣、也不怎么懂，他也得开始学习经营了。然而，芳村市场之大，他自称不过是里面的一条"小鱼"。郑老师递给他一杯刚泡好的生茶。小徐有礼貌地接过来喝了几口，但是他似乎对普洱茶的滋味无法评论，反倒是想起了他比较钟爱的铁观音。他承认他现在还不怎么懂普洱茶，但是他认为铁观音的香气显然更迷人。他说铁观音是普洱茶之前国内都市最流行的一个茶，在制作、品评、价格上都已经达到了比较成熟的程度，不像现在的普洱茶，一个词：混乱！

后来，小徐和郑老师家结成了合作。他自己收来毛料，请郑家代为压茶。他辗转往复于易武、勐海和云南的其他几个茶区之间，不断抱怨着这艰苦的行程和夸张的茶价，但又咬牙坚持着不愿轻易放弃。小徐的案例表明，连像他这样原来对普洱茶毫无兴趣的人都已被迫卷入了普洱茶的风浪之中，即便是条"小鱼"，也须奋勇前行。我后来遇到许多类似的情形。更有甚者，自己本来并非茶商，也都跃跃欲试，力图通过投资普洱茶来转手获利。茶叶资源有限，但陡然之间收购大队却人数倍增，无怪乎茶叶价格要高涨了。

茶价成为易武 2007 年春天最热门的话题。人们在街上偶遇时谈起茶价，去人家串门子时提起茶价，在忙家务事时突然讲起茶价，去参加婚宴时也不忘记聊起茶价……茶价神秘莫测但却颇具吸引力，易武的许多年轻人因此宁愿在家里帮忙做茶，而不愿意外出打工。与此同时，易武吸引了大批的外来务工者，比如从红河州来此打工采茶的苗族、哈尼族人，从邻近的江城、曼腊过来参加压茶、包茶的汉族人，还有从较远的保山、宣威过来帮做茶人建房子的人……这许多新移民，有不少就仿佛易武人早先的石屏祖先一样，来到此地以后，慢慢取得永久居住权，从此以茶为生。

"斗智斗勇"

春雨终于在 4 月中旬来临，而茶价继续上涨。到了将近 4 月底，较贵的易武毛茶已经卖到 400 元一公斤。阿文决定开始正式行动。再不收购，春茶时节就要结束了。收购毛茶原本就是一件颇具挑战性的事，而茶价的陡然上涨，让这件事变得愈发棘手了。

阿文说，他的经营规模偏小，但货品却高居顶端。他自信不会被"洗牌"的市场所淘汰，因为其一，他做得用心而专业，其二，他背后有稳定的客户群。这些客户对普洱茶的要求极高，往往把钱预支给阿文收茶，并愿意接受市场价格的水涨船高。他们也很信任阿文，相信他的能力和人品。不过对阿文来说，信任也意味着压力。他深知他的客户嘴巴极为挑剔，他们偏爱六大茶山一带的茶，需要这里最顶尖的茶品。一旦一年的茶收得不好，以后能否继续合作，就会被打上问号。

如前所述，QS 对精制作出了种种规定，但是粗制一块却缺乏规范。像阿文这样的外来茶商，填补空白，成为了粗制流程的定义者之一。茶树归农户所有，要怎样采茶、炒茶、揉茶、晒茶，本由茶农自主。但这件事怎样来做，最后变成由买方来决定。除了阿文，还有无数的外来茶商前来收茶。每个人的喜好和经验不一，传递给茶农的要求也不一致，整个易武粗制环节的五花八门，可想而知。

阿文经过多年磨砺，已经深知粗制细节对于日后茶品的重要，其影响力甚至超过精制。诸如茶树的修剪程度、炒茶温度的火候大小、揉捻的轻重和方向、晒干还是阴干等，都势必影响最后茶品的口味。[1] 阿文结合客户的要求和自己的经验，将他

---

[1] 这和 20 世纪 70 年代许多美国消费者对咖啡的特别诉求极为相似，例如单一产地、手工制作（Talbot，2004）。

认为比较适宜的粗制的法则一一传授给他常去收茶的人家，有时还亲自示范如何炒茶。但是因为茶叶的采摘炒揉时时在进行，并且分散于不同的地方和人家，阿文无法分身一一监督，所以对茶叶质量的检验最后全部落在了对干毛茶的翻看和品尝上。

阿文是我所见过的茶商当中对毛茶的挑选最为认真和挑剔的一个。他严格区分大树茶和台地茶，分别收购，分别压制，不相混合。大树茶和台地茶在植物属性上是同一的，主要的区分点是树龄的大小，特别是表现于树干的粗细上。百年以上树龄的通常被算作大树茶，亦称古树茶，由六大茶山一带的原始先民驯化种植，最老的据说已经有八百多年了。大茶树分散生长在森林之中，东一棵西一株，之间杂布其他树木花草。台地茶也称小树茶，是 20 世纪 80 年代初（另一种当地说法是自 20 世纪 70 年代末）才开始在易武一带、由政府倡导种植；它们成规则的行列布局，茶树与茶树的间距较窄，在整体外貌上形成层层台地的规模景观。

在过去相当一段时间里，人们对大树茶和台地茶一视同仁，甚至在 20 世纪 80 年代相当的一段时间里，台地茶因为产量高、卖相好，被认为优于大树茶。两者的价格区分从 21 世纪初才真正开始。其主要原因，一是现代人对生态的日益看重。大树茶在天然森林的庇护之下，被认为自然环境优良，内含茶质丰厚，施用化肥农药的可能性小。而台地茶因栽种密集，容易滋生病虫害，施用化肥农药的可能性较大。二是人们发现滋味上的优劣也对应着生态的优劣，认为树龄较老的大树茶喝起来更柔顺、茶气强、回甘长；而年轻的台地茶更易涩苦、茶气弱、生津回甘的力度不够。三是两者的采摘难度不一。大树茶的不规则分布本来就带来采摘上的障碍，而未经人工修剪和矮化的大茶树往往高达两三米以上，有的还需架设梯子才能触及，采摘时有诸多危险；台地茶则不及人高，一弯腰一伸手就可采到，人工之力无法与大树茶相比。2006 年，当易武大树茶卖到 100 元一公斤时，台地茶只是徘徊在三四十元；当 2007 年春大树茶涨到 400 元一公斤时，台地茶只及 100 元一公斤。随后的几年中，台地茶价格变动不大，保持在一两百元，而大树茶却是一路攀高，到 2019 年时易武的许多大树茶达到了千元以上！（图 2.1、2.2、2.3）

图 2.1　仅从外形上是难以区分大树茶和台地茶的（孙劲峰拍摄）

　　在茶叶总体价格提升、大树茶和台地茶之间的价差又不断增大之际，以次充好的现象愈发突出。张毅老先生说，根据他的保守估算，2007 年前后整个易武地区大树茶年产量不超过 100 吨，台地茶或许可以达到 300 吨，但是在外面的市场上，打着"易武正山"旗号的茶饼不下 3000 吨，而且其中许多赫然标注着"易武古树茶"！即便就在易武，卖毛茶的人也时时宣称，他的茶是古树茶。

图 2.2 在森林庇护下生长的大树茶（孙劲峰拍摄）

图 2.3 生长间距较窄的台地茶

怎么可能一下子有那么多的古树茶？阿文为此觉得，这种时候，耳朵不能软，一定要依靠自己的眼睛、手和嘴巴来判断。两袋毛茶放在面前，有时候单用眼睛细看一下，他就已经可以猜出个大概；然后进一步通过触觉来判断，对于一袋毛茶必须从上至下、底朝天地摸，在手里翻转感觉；如果还无法判断，就必须开泡试喝，通过嘴巴和鼻子来辨别了。这一整套从视觉、触觉到味觉和嗅觉的方法，阿文觉得很难言传身教、亦不愿意言传身教，因为情况随时在变，无法一概而论，而要真正学到经验，必须亲身经历。

江湖上流传着分辨大树茶和台地茶的种种攻略。就卖相方面，有人说，大树茶树龄高，因此茶叶叶片上往往长着细密的小白毛，并且芽叶茁壮。但有人说，恰恰相反，大树茶可能是长得并不好看的，而台地茶如果施了化肥，才长得更为茁壮、叶片上更容易显现白毫。就滋味来说，大家一致比较同意的是，大树茶的生津回甘要比台地茶来得深长和强烈。关于"深长"，有人较机械地分段说，稍好的台地茶，回甘止于舌面；再好一些的台地茶或中等的大树茶，回甘止于喉咙处；上好的大树茶，回甘深到喉结，并且绵绵不断。关于强烈，人们亦常常解释为"有茶气"，但是对于"茶气"这个中国文化特有的语词，人们的解释各各不同，许多具有相当的模糊性。我亲耳听到的一次对话里，甲方将"茶气"解释为"具有穿透力"，乙方，一个刚接触普洱茶不久的人，则认真地追问说："从哪里穿透？"

阿文还严格区分易武和非易武的茶料。他也曾做过云南其他产区的茶，但后来发现，易武一带的茶才是他的最爱，淡而有味。如果偶尔收到其他非易武产区的不错的茶，他就一定在茶饼上分别标识。他所认可的这条法则，在其他收茶人那里，并非不被认同，只是于很多人来讲，说起来容易，做起来难。

易武当地人普遍认为，如果是易武的茶料和其他五大茶山——诸如蛮砖、倚邦等——的茶料相混拼，是可以被理解和接受的，因为从地理和历史渊源来讲，这六大茶山是"兄弟"，有时可以不分你我。有趣的是，从地理位置来说距离易武并不远的几个地方，它们的茶叶却不被认作"兄弟"，而被视为"外来入侵者"。一个是江城，紧邻易武北部，从行政区划上属于思茅；一个是尚勇，紧邻易武南部，和易武同属西双版纳的勐腊县；再一个是丰沙里，属于老挝，跨过易武东部、中老边境线即可到达。这三个地方，无论在地理上多么接近易武，却因为历史文化的渊源、抑或制茶传统的差异，被认为所产的茶叶与易武茶在滋味上不甚相同。恰恰是这样的界定，使得易武和其他五大茶山的茶价一直远远高过江城、尚勇或丰沙里。而在2007年春天茶价升高的时候，这三个地方的毛茶又成了最容易被拉进来冒充易武或六大茶山的茶以获得高价的原料。即便是阿文这样的识茶高手，也时时感觉到危险重重，一不留神，就栽个跟头。

即便都是来自易武，阿文还要严格区分毛茶来自易武下面的哪一个村寨。许多易武人家都喜欢挂一张易武或者整个六大茶山的地图，上面不仅显示着行政区划，也标注着茶树分布、历史遗迹、过去和现在的主要运输干线等。在阿文眼里，这张地图可以被演化成另一张颇具主观色彩的茶树资源和民族分布图。他曾经指着地图一一向我详述：易武中心团转（当地方言，指"附近"）可以算是一个茶树分布圈，包括从易武主街分岔出去不远的曼秀、落水洞、麻黑等村子。他觉得，只要做工认真精细，这些村子的茶叶质量都是不错的，这一带也是历史上汉族商人开设大商号、其子孙世居的所在。但是，"深山老林出好茶"，阿文借用这句俗语进一步阐释，如果想收到更好的茶，就必须走出易武中心区，去往周围更偏远的村寨，那些地方在行政规划上也隶属易武乡，现在的主体居民是少数民族。简单来说，阿文及其客户喜爱的茶位于易武中心往西、往北和往东的三个方向。易武中心的西边、开车约莫半小时的地方，有一个村子叫高山，主体族群是香堂人（在政府的民族识别中被认定为彝族）。往北较远处，是一个瑶族聚居的地方，叫"丁家寨"（另有一个汉族的丁家寨）。往东更远、路也更艰险、基本到了中老边境地带之处，是"刮风寨"，也以瑶族为主。阿文承认，长期以来汉族在制茶技艺上或许更优，但是周边这几个少数民族聚居的地方，因为山高地远，早先没有被开发过，保留了更好的生态环境，而生态比制茶技艺更具有先决性和不可替代性。于是，仅凭指点小小一张地图，即便并没有在喝茶，阿文也能描摹出各个小村寨所产茶叶在滋味气息上的异同。瑶族丁家寨和刮风寨的大树茶，于他来说具有易武中心区的茶叶所不具有的一股凉凉的气息，直冲鼻喉；喝一口，嘴巴里津液立生，甘甜绵延到肺腑，整个身体变得满是茶气充盈。

早从 3 月初开始，在没有正式收茶之前，阿文就数次来到以上这些村寨，询问行情，和当地人交朋友，学几句瑶语；和几个已经有相对固定联系的家庭磋商，叮嘱他们对自家茶园的茶不要打农药、不要乱施化肥、不要修剪、更不要把台地茶和大树茶相混等。我曾在 3 月中旬时参加过一次他组织的茶之旅，那时他的一队客户刚从广东过来。这些客户去年从他那里买到的茶就产自高山。阿文领大家找到高山的当地人小虎，由小虎带队去看茶园，然后招待所有人在家里喝茶吃饭。大家为打扰了小虎一家而觉得不安，阿文却代表小虎说，既然已经买过茶，就应该把这里当成自己家一样，不要客气。告别的时候，阿文再次叮嘱小虎，做茶一定要认真，特别是千万不能把大树茶和台地茶混在一起；自己可以先垫付钱，只要毛茶达到一定的数量，即刻就来收购。

4 月底，当阿文正式开始收茶时，我随着他再次来到高山。一路上，阿文告诉我，目前高山的茶价达到了 430 元一公斤，这是他和他的客户这两天在电话里谈妥的协议价，而易武中心区只是 400 元。这一方面当然是因为高山的名气历来高过易武中心，另一方面，阿文说，这也是因为高山人现在的茶做得的确比以前更好了。这一点进步，阿文不无自豪地说，也包含有他的功劳。

我们再次来到小虎家。小虎今天刚好有急事外出了，由小虎的父亲和弟弟来交接。三大袋毛茶被拉到院子中间，阿文开始一袋一袋细细地看、摸。查看到其中的一袋时，阿文皱起了眉头：这一袋号称大树，但是光用眼睛看和手触摸就已经可以发现，明显是掺了台地茶的。面对阿文的有理有据，小虎的父亲无以辩驳，只说那是小虎的母亲不小心混进去的。阿文强忍住气，反问难道没有反复交代过他们不能把大树茶和台地茶相混吗。不过，令他更难以抑制怒气的，是小虎的父亲说今天的茶价是 460 元一公斤！为什么呢，来之前电话里的协议不都讲好了是 430 元吗？小虎的弟弟解释说，因为今天这个时刻，整个高山的茶价都已经是 460 元了！

之前的所有努力似乎都付诸东流，阿文责备着对方，重申着自己的原则。看起来很有可能他马上就将拔脚离开，再不要和这样不讲信用的人家打交道了！不过现实很残酷，如果他现在不买，这三袋茶其实是不愁没有买主的。还有更重要的一点是，如果就此离开，和这家人长期以来结成的关系意味着就此中断，以后再老死不相往来了，而下一步要去和高山当地另外哪一家人缔结稳固的关系，还是一个巨大问号。正在僵持之间，小虎的父亲稍微让步说，那一袋混了台地茶的还按原来的议定价 430 元，但是另外两袋得按新价 460 元计算。阿文拿出本子来算算写写了一会儿，又去细看一阵毛茶，最后决定，还是买走。于是，毛茶称重、算价、结账，阿文默默不语。

回去的路上，阿文告诉我，同样的事情在丁家寨和刮风寨也正屡屡发生。他觉得，他自己待这些当地人家已经不薄。比如瑶族丁家寨，他还捐过书包文具给当地的学校。这些地方的人，他承认，曾经生活艰苦，但是茶叶正在帮助他们走向富裕，并且生活只会越来越好。但是为什么他们那么贪心？更重要的是，为什么不讲信义，没有做人的准则。他感叹说，他这样收茶的经历真的是"斗智斗勇"。

在随后几年中，由于毛茶鉴别的高难度，一条新的收茶法则逐渐开始在茶山盛行：收茶人直接收购刚采摘的鲜叶，并直接在茶山建立粗制点，亲自监管炒茶、揉茶等，以求获得来源清楚的毛茶原料。然而道高一尺魔高一丈，有茶农在鲜叶环节就开始东拼西凑，反正都是绿绿的一大箩筐，台地还是可以看着貌似大树，"歪山"还是可以号称"正山"。再然后，又一条收茶法则出现：有收茶人直接去到田间地头，亲自看着茶农采茶（有的甚至说是睡在茶地里等候），然后亲自将采好的鲜叶送往粗制点。某些山头名声大，去收茶的人也多，然而僧多粥少，于是出现另一奇特景观：一片茶园周围同时出现各色人和摩托车，一俟采茶完毕就蜂拥而上，然而最终能够抢购到货品的人还是寥寥无几。当然，这并不代表没有亲自去往茶园旁边守候的人就一点好茶都收不到，越来越多的大公司深入茶山，凭借资本实力，与若干茶农缔结合同，统收统购。而小茶庄和个体收茶者的生存路径，就像阿文一样，长期以来凭靠私人关系、良心和"斗智斗勇"，但却失之稳定。

失落的"朝圣"

对于旅游者来说，到易武主要有两个目的：买到正宗的易武茶，看到正宗的易武。什么是正宗的易武呢？如第一章谈到，"易武正山"的形象随着相关历史文献、早期到访者的记述以及当代普洱茶流行书籍的传播已经深入人心，令许多人还没有来到之前就满怀"朝圣"的期许。但是不少人来了之后，满是失望。宣传和经历、想象和现实、过去和当下之间，存在着很大的反差。

我在位于易武老街的"古六大茶山博物馆"遇到一位北京来的女士。她会弹古筝，酷爱喝茶，自称是一个喜欢怀旧的人。她本来以为易武可以满足她的怀旧情愫，比如，虽然现在马帮是没有了，但她原想也许可以坐在某一段青石板路上发发呆，遥想一下当年马帮走过的情景。但令她沮丧的是，青石板路许多都已被损坏，沿途要么在盖房子，要么是卫生太差。博物馆里虽然收集来不少马铃铛、石磨，但这些东西在她眼里只是被简单地堆砌在这里，失去了生命。她再举例，一幅表彰以前"同昌号"主人之"见义勇为"的匾额挂在博物馆里，但是"同昌号"的旧址却年久失修、无人过问……这种种埋怨，应和着玛里琳·艾维（Marilyn Ivy，1995：10）曾经说的"怀旧本身的失去"，即"失去对某种已经消逝之物进行怀想的可能，这比失去那种物本身，更让人觉得难以承受"。①

从昆明来易武收茶的孙先生有类似的意见。近几年来，他每年春天都来，每年目睹着易武街一点一滴的变化。他埋怨最多的对象，是每一天在新建的房子，没有一座他看得顺眼。他虽然并没有自称喜欢怀旧，也不自认为是什么艺术人士，但是从他的审美来看，新建的房子大都毫无美感，要么是临时的乱

---

① 因为艾维的这句话句式复杂且耐人寻味，有必要将英文原文提供于此：The loss of the nostalgia—that is, the loss of the desire to long for what is lost because one has found the lost object—can be more unwelcome than the original loss itself (Ivy, 1995：10)。

搭乱建，要么功利性太强，完全无法和老的汉式四合院媲美，而后者大都年久失修，或者未能修旧如旧。最让他受不了的是，当站在一个较高的位置俯瞰易武老街时，突然发现新的和旧的房子无章无序地交杂一片，混乱不堪。还有特别让他觉得刺眼的是，那些为了应对 QS 而新建的蓝顶的厂房，完全破坏了原来易武街灰瓦素墙的古朴风貌。他把这些看不顺眼的景观拍下照来，称它们为"不和谐的照片"。

某天，一家广东的电视台来易武拍片。和许多游客一样，他们对易武久闻大名，但是来到之后颇感失落。不过既定的拍摄任务还是要完成，原来脚本里拟定的对易武和普洱茶之美的表现，必须得到执行。当务之急是找一户有传统老房子的人家，拍摄他们在四合院里用手工石磨做茶的过程。不巧的是，老街上那天并没有人家在做茶。当时为了应对 QS，好几家都在外面忙着盖房子，再不就是到远处收茶去了。有几家在压茶的，剧组又嫌他们的房子不够美，不是易武那种典型的汉式四合院。谈来谈去，李老先生答应帮个忙。虽然他家当日并不做茶，但是愿意为了配合剧组的拍摄而专门烧火蒸茶、手工压制。如前所述，李老先生的房子在易武老房子保护名列。但是剧组私下里议论，觉得李老先生为应对 QS 而进行的空间改造损坏了原有老屋的气质，特别是有一面新刷的白墙显得十分刺眼。但这是剧组当天唯一的选择，何况也不能辜负李老先生一片盛情。拍摄就这样过去了，但这件事让当地人和外来者陡然之间感觉到某种恐慌：易武人在四合院里做茶的传统，难道真的已经所剩无几了吗？

即便对于传统的感怀之情可以暂时放下，但现实生活中茶叶质量监管的问题却令人难以漠视。有外来收茶者尖锐地指出，为什么 QS 只是监督了精制环节，而对粗制环节却撒手不管？日积月累的经验告诉收茶者，决定一饼普洱茶是好是坏，主要由三个环节构成：其一，茶树的自然环境条件；其二，制作工艺；其三，后期储藏。而在制作工艺环节，粗制先于精制，特别是粗制当中的炒茶、揉茶尤为关键。如果粗制不当，茶饼压得再好看也无济于事。一位北京来的茶商说，眼见当地人现在整日被迫围着 QS 转，他觉得这只是形式上做文章，但他们收茶人更关心的其实是毛茶的品质。

关于毛茶的品质问题，许许多多或真或假的消息在外来者和当地人之间流传：有人在茶地喷农药或过度施用化肥了，有人在茶园里为除杂草省事而用了草甘膦，但是对茶树损伤极大，有些茶农过度修剪茶树为了增产，有些片区竟然砍伐森林为了栽茶……更危言耸听的，莫过于这一句传言："六大茶山茶叶的茶气越来越弱了！"

而最深刻的危机，存在于人心隔肚皮的买卖关系之间。从河南前来易武的老王和他的两个朋友，对此深有体会。我初见他们是在一户当地人家，那时他们正在那里尝茶，临走时买了一桶七子饼。第二天在街上的馆子里又撞见他们，老王向我吐了苦水。昨天买回的茶，他们自己回到住处之后打开来泡，发现和在现场试喝的大相径庭。老王坦言，外面市场上假茶、劣茶太多，所以他们来易武，的确是抱着"朝圣"普洱茶故乡的心态来的，用老王的话说，是"为了找到普洱茶的真相"。但是如今发现，即便到了普洱茶的故乡，也并不能找到真相。因为听说我在做普洱茶的研究，老王觉得一定要把他心里的难受告诉我，他说了很多：

> 虽然这次旅行让我们有幸尝到一些有特点的普洱，但是总的来说我还是没有找到普洱茶的真相。茶地里的标准就已经开始那么混乱，不比城里好多少。大部分当地人，还是比较热情好客的。但是现在可能是茶价高了、利益驱使吧，一卖茶，古朴的民风就没了……我河南的朋友委托我买些好的普洱茶回去，但是现在我发现我没法儿交差。我们这几天在易武转了好多地方，总是上当受骗，告诉我说纯大树的，其实掺了不知哪儿弄来的台地，而且是等级不好的……我们河南比较有名的是信阳毛尖，当然也有作假的，但是如果你去到产茶地，情况总的来说会明朗一些。为什么普洱茶从产地开始就那么乱呢！

和老王一样满怀期待来到易武，但是来到以后却对当地售卖的普洱茶质量感到猜疑和不满的，大有人在。而让老王更为纠结的是：如果一饼茶现在就已经被发现是用不好的茶菁（茶的鲜叶）做成的，那么难道还值得长期存放，还会"越陈越香"么？

小结　关于本真性的焦虑

2007年春天的易武，充满纠结。茶乡的经济深受外界商业资本的影响，茶价不期而涨，而当地生产者又必须适应现代化新型生产规则，改造做茶空间、改变生产和生活方式，为此面临多重压力。不过，现代化规则并未能对普洱茶制作的全流程予以规范，空白留给了"八仙过海，各显神通"的四方收茶者。面对风险江湖，外来收茶者和当地人自寻出路，并一度结盟而行，共同应对危机。但诱人的茶叶价格却极易撕破两者理想的契约，于是，"相濡以沫，不如相忘于江湖"。与此同时，在无数赞美诗的推动之下来访易武的游客，本来力求逃离都市喧嚣和商业欺诈，来到山野田园求"真"求"正"，但是怀旧和"朝圣"的梦想却在抵达目的地之时遭遇幻灭。

这诸多纠结所共同指向的一个重要问题是，人们对于"本真性的焦虑"（anxiety over authenticity）。有关这一现象的本源，主要有过三种论述。其一，现代性论述。在西方学者看来，"本真性"概念的产生以及人们对"本真性"可能被丢失的焦虑，是和西方19世纪工业革命所带来的技术革新、现代性和个人主义的崛起，以及人们对私有财产的关注密不可分的（Benjamin，1999；Trilling，1974；Handler，1986）。其二，阶层论述。法国学者布迪厄（Bourdieu，1984）著名的关于"区隔"的论述，虽然并不直指"本真性"问题，但其笔下不同阶层的消费趣味、特别是上层阶级为了与下层阶级相区隔而选择的消费品类和消费行为，正是在力图构建属于该阶层的"本真性"，并且唯恐自己的趣味方式与他者类同。其三，商业化论述。这一论述认为，"本真性"之被挑战，是由过度的商业化引起的，人们无不渴望和向往物之"本真"，但是商业利益催生了假货的泛滥和本真的丢失（Notar，2006a）。

本章案例与阶层问题尚未紧密挂钩，而若讨论现代性问题，又将走得太远，但商业化论述则可以提供最有关联和最具说服力的解释。普洱茶的以次充好并非始自当代，历史记述告诉我们，18 世纪中期（张泓，1998：369）和 20 世纪早期（Colquhoun，1900：388），此类现象就已出现。第一章讲过，"同庆号"为了防伪，才于 20 世纪初变换商标图样。那正是普洱茶商业兴旺发达的早期。再往前回看历史，中国艺术品之出现仿制造假较多的宋代、明代，亦正是市井活跃、商业兴盛的时期。当然，明代中后期商业的高度发达，和阶层区隔及焦虑又是紧密相关的。在中晚明奢华消费的社会风气之下，新兴富有阶层模仿学习文人士绅家居打扮、舞文弄墨，而精英阶层一方面深感焦虑，不断创新以求和模仿者相区别，但另一方面又无可奈何地默许种种仿造行为（Jones，Craddock，and Barker，1990；Clunas，1991；Brook，1998；巫仁恕，2012）。

同样，要解读当代普洱茶所关涉的"本真性焦虑"问题，亦必须从商业化所催变的人心和人情来入手。2007 年春天的茶价暴涨，是云南普洱茶之被商业化笼罩的极度体现。毛茶的真假好坏之辨挑战着人的技能，更挑战着人情和人心。像阿文一样的茶商本来觉得，虽然江湖一片凶险，但是如果凭借技高胆大，应该可以顺利闯荡、杜绝受骗。殊不料，在茶价高涨、局势不清、监管不力、人心欲望膨胀的形势下，纵有绝高辨茶识茶的武艺，还是无法战胜普洱茶江湖的险恶。对百分百正宗普洱茶的找寻，成为一种奢望，超越了技术和技能，变成了人心和人情之间的纠葛。茶农、茶商、游客原来要追求的"本真"，是没有受到外界染指的茶山本味和本色，但商业化的流入与横行，带来了变味和变色的添加剂，制造了江湖凶险。江湖侠客所要共同对抗的风险本质，是商业化潮流之下人心对财富的过度欲望。但是因为商业世相扑朔迷离，加之人心涣散、各自为政，于是每个人都在为"本真"的丢失而焦虑和埋怨，然后又都在现实生活中不得不分身应事，并不断感叹"人在江湖，身不由己"。

第二部分

夏热

第三章　普洱茶原产地

改名"普洱"

2007 年春天茶价高涨时，易武的人们每天热议与普洱茶有关的大小事件。除了本地消息，被谈论较多的首先是老班章这个当年茶价的冠军，其次就是思茅了。当年 4 月 8 日，思茅正式改名普洱。这也被认为是导致整个云南茶区那个春天茶价陡增的重要带动因素之一。从此，"普洱"这个名词变得愈发多义，它不仅是一个茶名，同时可能指代好几个地名：其一，云南下面的地级市"思茅"，从 2007 年 4 月以后改名为"普洱"（市）；其二，原思茅的行政中心也叫思茅，从此亦顺沿改名普洱；其三，原思茅下面的一个县，旧名"普洱"，从 4 月 8 日之后改为"宁洱"。不过，在改名后，人们通常把第三个地方叫作"老普洱"。本书为了陈述的便利，沿用旧地名。

导论部分提及，普洱茶的得名与上述第三个地方即老普洱，渊源颇深。该地从 17 世纪早期就成为云南南部傣族贵族治下重要的物资集散中心。清代初年"改土归流"，清政府于该地设置普洱府，管辖范围包括今天思茅的大部分地方以及西双版纳澜沧江以东地域，包括古六大茶山。当时从六大茶山采摘和初步制作后的茶叶，要运到普洱或思茅做进一步精细压制，然后再经内陆运往北京，成为进奉给清朝皇室的普洱贡茶。

清朝之后，历经民国时期直至中华人民共和国成立，这一带行政区域的名称和管辖范围时有变动，与今天不尽相同。大体来说，这一区域的行政中心在相当一段时期内位于普洱，1955 年才迁往思茅。1993 年，思茅的行政级别从云南下面的一个县上升为地级市，即思茅市。2007 年，经国务院批准，思茅市正式改名为普洱市。①

距离改名还有两三天的时候，我到了思茅。只见全城干净整洁，与改名有关的标语横幅和霓虹广告处处可见（图 3.1）。茶叶店鳞次栉比，人们坐在店里泡茶喝茶，兴奋地谈论着即将到来的改名仪式。当地茶叶批发市场汇聚了天下普洱，不过思茅本地茶山出产的茶品才是这里的主打，比如景迈山、困鹿山。在餐馆吃饭，老板认出我是外地人，马上热情地推荐我去游览距离市区不远的万亩茶园。点心店售卖的蛋糕，新增了普洱茶口味的。连城市公园的铜雕塑，也是古装人物在泡茶喝茶的场景。茶的重要性对于思茅不言而喻。到 2007 年初，茶已经成为整个思茅最重要的支柱产业，紧随其后的是林业、矿业和水利。

---

① 关于这一带更多的行政变迁还有更多相关研究（参见普洱，2007b；思茅地区地方志编纂委员会，1996）。

图 3.1　改名前夕的车站霓虹广告

4 月 8 日，盛大的改名庆典举行。少数民族的歌舞表演隆重热烈，力求展现多个本地民族的风采，例如布朗族、哈尼族、傣族，以及他们对茶叶资源进行开采利用的民俗文化。在随后的几天中，茶叶展销会、研讨会、茶叶拍卖、评茶比赛等在数个分会场同时进行。而在所有活动中，最为引人关注的重头戏便是欢迎人头贡茶"回家"。人头贡茶重约 2.5 公斤，是进奉到清朝宫廷的贡茶，留存到现在已有 150 年之久，被认为是现存最老的普洱茶。在此之前它被存放在杭州的中国茶叶博物馆，是为了此次思茅改名仪式才运回来的。在一场专门的仪式庆典上，人头贡茶被揭开面纱，然后存放到思茅当地的博物馆供人观瞻。人们蜂拥而至，只为能够一睹传说中最老的"可以喝的古董"。同期的茶叶展销会上，人头贡茶的仿品出现了。一家思茅本地的茶叶公司生产了 999 件限量版的

新"人头贡茶"，每一件同样重达 2.5 公斤，每一件售价达 9999
元！（图 3.2）

图 3.2　2.5 公斤一件的人头贡茶

　　许多人，包括我，一开始对于人头贡茶的"回家"、回到
思茅，感到不解。之前广为人知的是，人头贡茶的主原料产自
古六大茶山之一的倚邦，隶属西双版纳。但现在它的家乡怎么
变成了思茅（改名后的普洱）呢？不少西双版纳人对思茅改名
普洱亦感到不平，在他们看来，"普洱"这个名词本来是归属
所有出产普洱茶的地方共享的，但现在先机却被思茅一家独霸
了。这样的担心并非多余。在后来的日子里，我屡屡遇到还不
太了解普洱茶的人询问说，云南出产普洱茶的地方是否主要就
在思茅。

　　不过，在思茅旁观和参与整个庆典的过程中，我又慢慢知

晓，对于改名，以及人头贡茶的"回家"，思茅地方政府和相关人士是颇有准备，并有一套系统的论述（discourse）的。这集中体现在当月同期出版的《普洱》杂志（特刊）中。

首先，杂志中有文章追溯历史，说明人头贡茶在被送往北京之前，是在普洱府完成最后的精制的（黄雁、杨志坚，2007：14-17）。也就是说，不管人头贡茶的原料出自何处，它最后是由思茅监制出品的，因此思茅在普洱茶的朝贡体系中占据着重要的位置。

其次，同一文章特别对"改土归流"和1729年设置普洱府这一串历史事件进行了强调。因为自此之后很长一段时间，原西双版纳宣慰使司制下、澜沧江以东的区域都划归普洱府管辖，包括古六大茶山的倚邦、易武等。文章指出，即便易武"车顺号"向皇帝进献贡茶而获封"瑞贡天朝"的横匾，且其茶叶原料明白无误地是出自六大茶山，但当时易武已经由普洱府管辖，所以这样的贡茶，在大的行政区域概念上，亦归属普洱府，即后来的思茅、2007年4月以后的普洱。也就是说，尽管思茅、西双版纳的行政管辖范围在历史的长河中变来变去，但文章强调，关键要看进奉贡茶那一时刻的主管政府机构是谁。

另外，此前历史记述及民间说法，多有认为普洱茶因普洱而得名，但普洱地方本身并不产茶。《普洱》杂志多处对此进行辩驳，历数近年来茶叶植物学的发现，举证说明思茅所拥有的丰富而悠久的茶叶资源。杂志之外，亦有思茅当地茶叶专家提出，思茅在茶树品系上占据重要位置（我2007年4月访问当地茶人周德光）：千家寨有2700年的野生茶树，邦崴有1700年的过渡型茶树，景迈山有 1000 年的人工栽培型茶树——这三个地方都在思茅，从野生过渡到人工栽培这一茶树植物链条，足以证明思茅是世界上重要的茶树源头。

还有，杂志有文章专门讲述普洱茶在清代皇宫中如何得到喜爱，例如乾隆皇帝曾写诗对它赞赏不绝，还有清王室曾于 1792 年把它作为贵重礼物赠送给英国乔治三世。这寓示着，被皇家宫廷宠幸的物品自然获得了高贵的地位，而皇家遗物的"归家"则能给整个家庭带来无上的荣耀。

而且，杂志还发表了由茶叶专家撰写的文章，讲述他们最近参与品尝清宫遗存的普洱茶的亲身经历。在此记录中，百年之久的古董级普洱茶仍然是有滋味的、有"陈韵"的，而同期由浙江上贡到清宫的龙井等绿茶，却已经差不多变成了像灰一样的东西而无一点利用价值了（邵宛芳，2007）。[①] 不难想象，这样的记述，更激起了多少人的愿望，想要收藏新的普洱茶以待有一天产生同样可贵的陈韵。

杂志亦有总结说，正是类似的种种论述，使得欢迎贡茶回归思茅成为重要的仪式庆典，为思茅改名普洱寻得良好理由，并为思茅是重要的世界茶源提供了佐证（郑永军，2007：9）。

对于思茅改名普洱，西双版纳官方的评价是"很好"，认为这亦有利于带动西双版纳普洱茶产业的宣传。不过，我于当年 3 月参加过一次由西双版纳政府组织的"古茶山保护行动"，当

---

① 但亦有我采访过的品尝过类似年代藏品的其他专家说，其实人头贡茶之类的老普洱已经完全没什么味道了。

面对当地某一成片的颇为壮观的古茶树林时，领队说："让大家多来看看我们版纳的茶树，就知道谁才是普洱茶的故乡了。他们（意指思茅）虽然改名叫普洱了，但是最近几年，都是我们版纳的茶比他们的贵。"

思茅改名后不久的 4 月中旬，西双版纳在傣历新年即泼水节时，也举办了与普洱茶有关的庆典，欢迎另一贡茶，即由易武私人茶庄曾经进奉清朝皇帝的一块砖茶，回归故里。由西双版纳政府主办的普洱茶研讨会也于同期在景洪市举行。

普洱茶的"故乡"和"起点"在不同的地图上被给予着不同的表达，这些地图出现在书本杂志里、茶叶包装广告上，更有甚者，被印刻到紧压的普洱茶砖或茶饼上。不少地图把"普洱"（老普洱）作为起点，强调这里曾是重要的茶叶集散地、普洱府所在。而我在景洪茶叶市场里的某家茶店看到一张与众不同的茶叶地图，由店主——一个西双版纳人，自行设计并请人绘制。在这张颇具想象力的地图上，尽管普洱的集散地位并没有被湮没，但是经由夸张而灵活的比例尺，西双版纳占据着最中心和最广大的茶叶领土。

普洱茶"故乡"和"起点"的被想象不仅停留于地图上，更被身体力行发展到了行走上。2005 年 5 月，一支现代马帮模仿古时贡茶运输，从普洱出发去北京。40 多名赶马人，穿着云南少数民族服装，花费 5 个月时间，步行约 4000 公里，穿越5 个省，将 120 匹马和骡子驮着的普洱茶运到北京（京华时报，2005a）。这批普洱茶到达北京后价格飙升。每筒普洱茶重约 2.5公斤，包括七个圆饼，每饼 357 克。拍卖会上每筒起拍价 2 万多。其中一筒为某著名演员购买后又捐赠回来，最后拍卖价达160万（京华时报，2005b）！

2006 年，另一支马帮从易武（见图 3.3）出发，希图达到同样的效果。马帮从易武一个叫公家大院的地点出发，而这里曾经是历史上马帮在易武休整的聚集点。于是，到易武旅游，这里也变成了一个必不可少的参观景点。当地人重修公家大院，意在告知人们：易武才是普洱茶向外运输的起点。当地能说会道的老人会告诉外来者，正是从这里向西向北，产于六大茶山一带的普洱茶沿清代修筑的"青石板茶马古道"，运到思茅，并进一步通过内陆进贡到北京，或运往山高路险的西藏；从此向东

图 3.3　易武的地理位置示意图

（为配合文中叙述需要，就思茅和普洱两处地名更名情况作出说明：从2007年4月8日起，思茅市正式更名为普洱市，普洱市市级机关所在的翠云区也更名为思茅区）

向南，则被驮运到老挝、越南以及其他东南亚国家，六大茶山的圆形七子饼由此享誉海内外。

类似关于茶叶故乡的争论，在世界范围内并不罕见。从19世纪早期开始以至之后的一百多年间，关于哪里是世界茶源的争论就没有停止过。有西方学者基于在印度阿萨姆发现野生茶种的证据，指出印度是世界茶树的原产地（Baildon，1877；Ukers，1935）。而中国植物学界通过在中国西南发现大量野生、过渡以及栽培型茶树的例证，坚决反驳西方学者的提法（陈椽，1984）。伯仲不分之间，有学者采取折衷观点，称环喜马拉雅山麓的大的地理区域，其中亦包含中国西南，是世界茶叶的原生地（Macfarlane and Macfarlane，2003；Mair and Hoh，2009）。不过，为世人所普遍信服的是，即便世界同时有多个茶的原生地，但中国西南少数民族的先民，却是世界上最早对茶树加以驯化利用的，而中国中原地区的汉族，则进一步领先发展出了世界上精细而复杂的茶饮文化（朱自振，1996；Mair and Hoh，2009；Hinsch，2016）。具体到中国哪一个地方才是茶树的原生地，也曾争论不休。基于在云南发现的较大规模的茶树种群，中国茶学界比较认同以云南作为中国乃至世界的茶源（陈椽，1984）。并有学者指出，中国东部重要产茶区的茶树主要以小叶种为主，是从云南的大叶种逐渐进化而成的（陈兴琰，1994）。而在云南内部，当普洱茶于21世纪初开始风靡之时，云南属下哪一个地方才是茶叶的原产地这个问题，也突然变得无比重要了。

对于在明里暗里各处较量的思茅、西双版纳，以及云南另外一个重要的产茶区临沧来说，这不是一件小事。谁取得茶叶原产地的桂冠，不仅是一个声名和荣誉的问题，更牵涉到诸多实际的商业利益、投资发展力度、旅游吸引力，等等。为取得此桂冠，各家打的又是文化和历史的牌，强调要"尊重历史"。

不过，在云南省一级的层次来看，思茅和西双版纳这样的争夺是多余和无益的。不管哪一家胜出，获益的都是云南；与其争执到底是思茅还是西双版纳才是世界茶源，不如直接宣告云南是茶叶原乡就好了。我在勐海采访过一位茶叶专家，当问起他对思茅改名以及茶叶原产地的看法时，他没有直接回答，但却告诉我一个故事。他曾经写过一篇论文，其中涉及云南茶叶的主产地。一开始他写的是西双版纳、思茅、临沧、大理。文章还没有正式发表，就有一些审稿的专家提出异议了，原因在于，云南西部的保山和德宏，现在也有优良的茶叶，但是却没有被提及。不得已，他进行了修改，在最后发出的文章中，茶叶的主产区包含了云南更多的地方。

正是在同样的逻辑之下，2008 年关于普洱茶地理原产地的国家标准，将普洱茶的产地范围前所未有地扩大。由此，不仅传统以来认为的云南南部澜沧江两岸是普洱茶重要的原产地，连云南的西部、北部、中部，但凡云南产茶的地方，都在此标准中被列为普洱茶的原产地（国家质量监督检验检疫总局，2008）。

尽管国家标准已经颁布，民间关于普洱茶原产地的争论却一直没有完全平息，总是不时又有"新的"历史佐证或植物种源被发现，以资作为最新立论的依据。当云南被作为一个整体形象对外宣传时，大家口径统一，称云南为普洱茶的原产地。

但是当普洱茶满载声誉走出云南，挑战到其他省份茶产业的利益时，新一层次的争战开始了。第四章将对此展开论述。

重新定义普洱茶

普洱茶是什么茶？这个问题在普洱茶没有成名之前似乎没有多少人在意，但是当普洱茶变得炙手可热时，对它的定义成了一个重要但是棘手的问题。

中国茶学界将茶叶分为六类：绿茶、红茶、青茶、白茶、黄茶、黑茶。在过去相当长的一段时间里，普洱茶在中国茶学界被归类为全发酵和后发酵的黑茶。在 21 世纪初，云南有茶专家开始提出，普洱茶和其他黑茶有着重大区别（苏芳华，2002：49‑51；木霁弘，2005；邹家驹，2004：9‑10）。理由是普洱茶的后发酵程序与其他黑茶不同，如湖南安化黑茶是在揉捻完成以后、茶叶还处于潮湿的状态时就开始进行后发酵；而普洱茶的茶菁在揉捻完成后，要进行充分干燥，才进行后发酵，包括人工快速熟成的渥堆后发酵和在仓储中慢慢完成的自然后发酵。并且，云南的茶专家指出，湖南安化、广西六堡等知名黑茶，其原料多是小叶种或中叶种，而云南普洱茶却是大叶种，存在根源上的区别。

对普洱茶重新进行定义和归类，被云南专家认为是将普洱茶从混乱和无序的状态中拯救出来的重要举措，如曾经的云南省茶叶协会会长在他的著述中这样写道：

从思想认识和市场效果来看，茶叶历史上没有哪一个茶类像普洱茶今天一样，理论体系不清、物欲横流，充满商业浮躁……深究下来，普洱茶归入黑茶类是主要原因之一。历史上，普洱茶没有得到一个恰当的位置……理论上错位，造成实践上的混乱。其他茶类，概念清楚，从来没有如此多的纠纷。普洱茶身无居所，寄人檐下，得不到充分发展，归于黑茶后，地位不清，概念不明。（邹家驹，2005：135－136）

按照以上主张，普洱茶应该被列为中国茶类中的第七类，一个单独的品种。然而要实现这一主张，其难度不仅在于对普洱茶的重定义，更意味着对整个中国茶叶分类的改写，因此遭到了不少省外茶叶专家的反对。

新中国成立以来，关于普洱茶的定义其实已经屡有变动。而对其进行界定的，不仅有中国茶学界，也有相关政府机构。一开始，相关界定也不叫"定义"，而更多的是一种评审标准。关于普洱茶的第一个评审标准，和中国其他各大茶类的评审标准一道，于 1955 年出台。然后，因为 1973 年在昆明茶厂正式发明了渥堆发酵的熟茶，于是第二个评审标准于 1979 年出台，以适应新的情况。而第一个可以称之为普洱茶定义的云南省地方标准则由云南省质量技术监督局于 2003 年出台，其将普洱茶定义为：

普洱茶是以云南省一定区域内的云南大叶种晒青毛茶

为原料，经过后期发酵加工成的散茶和紧压茶。其外形色泽褐红，内质汤色红浓明亮，香气独特陈香，滋味醇厚回甘，叶底褐红。（张顺高、苏芳华，2007：17）

对比来看，在关于普洱茶的归属上，茶学界的界定基准是加工方法，而官方规定更为看重的是原产地，即地理归属的问题。这在下一个官方出台的普洱茶定义中更为明显。这一定义于2006年由云南省质量技术监测局颁布：

> 普洱茶是云南特有的地理标志产品，以符合普洱茶产地环境条件的云南大叶种晒青茶为原料，按特定的加工工艺生产，具有独特品质特征的茶叶。普洱茶分为普洱茶（生茶）和普洱茶（熟茶）两大类型……（张顺高、苏芳华，2007：18）

2003年和2006年的两次官方定义，都强调了普洱茶的原料必须是"大叶种"，即云南及附近区域特有的茶树品种，而中国其他重要产茶区较多的则是"小叶种"。2006年的官方定义从茶学界借鉴了不少观点，但是两者的要旨却并非完全一致。对于茶学界来说，不论普洱茶属于黑茶还是六大茶类之外的第七类，决定因素主要是加工工艺。六大茶类之区别的基础也是加工方法，特别是发酵程度。也就是说，无论什么茶料来源，只要是不发酵的，那么这种茶就是绿茶；半发酵的，就是青茶；全发酵的，就是红茶或者黑茶。不过，茶叶专家们也指出，一种茶通常具有其特别的"适制性"（陈椽，1984），比如中国江浙产区的茶叶比较适宜用来做绿茶而不是黑茶；福建武夷山的茶树则适宜制作青茶；云南的茶树则适宜制作普洱茶。当然，"适制性"并非是铁定不可改变的科学道理，而更多是被长期的文化风俗、饮食习惯和技术传统所塑造出来的。但是如若抛开"适制性"不谈，从理论上来讲，无论什么茶叶来源，只要是按照普洱茶加工工艺来制作的，那么它就算是普洱茶了。

但是当普洱茶的知名度日益提高时，越来越有人意识到，原来学术的定义太过宽泛，不利于云南茶产业的发展。现实世界里发生的事件令云南人堪忧，因为普洱茶有利可图，越来越多的商人用外省廉价的茶原料来制作"普洱茶"。许多原料来自与云南靠近的四川、广西，根本不是大叶种，但最后的包装上都写着"正宗云南普洱茶"。

想要追究一下硬道理的人可能忍不住问，为什么普洱茶必须用大叶种呢？有人曾借用葡萄酒的原理来对此进行过说明。红葡萄酒和普洱茶都可以被陈放较长时间，品质优秀者经过良好的陈化都会达到"醇"（mellow）的结果，但这一醇和的滋味却都是由"涩""苦"转化而来的。他根据自己访问法国酒庄的经验解释说，如果一种制作葡萄酒的葡萄一开始就是甜而可口的，那么说明它根本不是一种适合来制作葡萄酒的葡萄，即便制作出来也经不起时间的考验。而恰恰是一开始涩苦不宜口的葡萄，经过酿酒师的精良制作，才有可能在岁月的沉淀中慢慢由涩转醇；而对普洱茶来说，恰恰是云南的大叶种才具备这种被时间考验的资质。大叶种的毛茶涩苦难以入口，但是经过优

良的渥堆发酵以及进一步的自然发酵，会转化为醇和甜（邹家
驹，2004：98）。

　　不过，在中国，大叶种也并非云南一家独有，广西、湖南
和海南也有大叶种，虽然它们在产量上无法和云南相比。针对
这一点，云南普洱茶的支持者指出，虽然都属大叶种，但云南
的大叶种群体为云南独特的地理气候所塑造，是其他省份的大
叶种所不能代替的。一位云南的生物化学专家，撰写了一系列
的文章，来阐发云南的"地理价值"：

　　　　非云南普洱茶产区所生产的普洱茶无论其外观、汤色
　　和口感，与云南普洱茶表面上没有太大的区别，有的甚至
　　可以说"形似"到了极致，但仔细品味……这些产品最大
　　的一个弱点，是普遍不具备储存价值。刚生产出来的普洱
　　茶，品质尚可以假乱真，但存放一段时间后，品质就会快
　　速下降，与云南普洱茶"越陈越香"正好相反……当一种
　　物质或一类物质及其衍生的产品不能在其他地区"复制"
　　时，其答案只有一个：这类物质的天然性、遗传性、系统性
　　与不可复制性，而其中的核心则是它们依赖性极高的地理
　　因素，更准确地说，是地理价值。（陈杰，2009）

　　按照这一观点，普洱茶的正宗性其实是经由时间来检验的，
正宗的普洱茶经过长时间的存储，滋味会朝向正面发展。而只
有云南地理气候塑造下精良制作的大叶种的普洱茶，才能经受
住这一时间的考验。

　　然而还有一个问题没有解决：那么与云南毗邻并且共享同一种地理气候特征的老挝、缅甸、越南等东南亚国家和地区呢？它们和云南同属大的澜沧江（从云南流入越南后称湄公河）区域，也拥有丰厚的茶树资源。我在易武时，屡屡亲见有人从不远的老挝丰沙里拉来茶菁，滋味与六大茶山茶相比，时常难分高下你我，但是价格偏低，所以成为价廉质优的六大茶山茶的"仿品"。这样的茶，不算普洱茶么？我采访过数位云南的茶叶专家，得到的答案依旧是"否"。他们承认，这些东南亚的地方，确实在地理气候上和云南，特别是云南南部享有诸多共性，这些地方的茶叶亦属大叶种茶，如果按照普洱茶的加工工艺进行精心制作，确实可以产出优质的茶叶。但是其中一位云南的茶叶专家提醒我，不要忘记，普洱茶不仅是一个地理产品，同时也是一个"历史地理产品"。加上了"历史"二字，他提醒我不要忘记普洱茶因何得名、普洱府如何被设置、贡茶怎样开始，以及茶叶如何经过征税才得以进一步贩运等历史事件。而这些事件，是云南历史所独有、而与老挝等其他东南亚国家没有多少关系的。也就是说，与本章开始思茅的改名相呼应的是，"尊重历史"在这里又一次被强调。于是，科学、官方标准，还有历史，被交叉灵活运用，共同成为形塑普洱茶价值和定义的重要论述。

茶马古道

　　在云南省将普洱茶作为一张重要的名片向外推介的过程中，

两个方面的论述发挥着重要的作用，一是上面一节所述对于普洱茶的重新定义，二是有关"茶马古道"的宣传。将这两方面的论述联结在一起的核心点则是普洱茶特性之"越陈越香"。

1989 年，六位云南学者主要依靠徒步，于大约 90 天的时间里，在云南、四川和西藏三省交界处进行了民族学和语言学的考察。他们发现这一大三角地带自古以来就存在若干重要的物资运输线路，其中最主要的有两条，一条以四川中西部的雅安、另一条以云南的南部为起点，最后都延伸进入西藏。藏人对茶叶有极大的需求，但西藏本地不产茶，必须从邻近的云南、四川两省购入，于是茶叶成为两条线路上重要的运输物资。藏地山高路远，在现代交通还没有建立的年代必须依靠骡马背驮，由有组织的马帮完成长途跋涉的运输。据几位学者采访所知，当时沿途已有当地人把这些线路称为"茶马道"。借鉴元人马致远《天净沙·秋思》中"古道西风瘦马"的诗意，几位学者首次提出把滇川藏三角地带的这些运输路线称为"茶马古道"，并在他们不久后集体出版的著作《滇藏川"大三角"文化探秘》中，对这次调研进行了详细的记述（木霁弘等，1992）。该次调查的领军人物之一、云南大学的木霁弘（2003；2005）教授，在他后来出版的著作中，进一步对"茶马古道"进行了阐述，并将该区域更多的路线，包括联结云南和东南亚的运输通道，都纳入了"茶马古道"的范畴。[1] 木霁弘（2005）把茶马古道的

①　西方学者对于云南及东南亚国家和地区之间的马帮运输路线，同样有深入研究（参见 Forbes，1987；Prasertkul，1989；Hill，1998）。

重要性归纳为：

> 茶马古道既是传播文明文化的古道，又是商品交换的渠道；既是中外交流的通道，又是民族迁徙的走廊；既是佛教东渐之路，又是旅游探险之途。可以说它是世界上地势最高，形态最为复杂的古商道。

不久之后，"茶马古道"这个名词开始广泛流传，以至于一般的人们普遍以为这个说法古已存之。而几位学者未曾料到的是，他们提出的这个概念，帮助吹响了普洱茶流行的号角，并且成为 21 世纪初云南地方民族文化之自我推介的重要代表。

大量与茶马古道有关的著作、杂志、地图、影像作品接踵而至。它们的作者不限于云南人。经由这些作品，云南作为中国内陆和东南亚国家之间重要的经济、政治和文化的"联结点"，其作用得以凸显。比如，茶马古道在云南境内，从南部西双版纳的热带雨林，到西北的高原雪山，体现了丰富渐变的自然景观；在茶马古道沿线，有普洱、大理、丽江这些马帮必经、物资集散和转运的重要而有趣的集镇；同时，也是在茶马古道上，荟萃了丰富的少数民族文化，例如西双版纳的傣族和哈尼族、大理的白族、丽江的纳西族、迪庆的藏族文化等等。[1]

在过去相当长的一段时间里，云南在外省人的印象里是一

---

[1] 在"豆瓣读书"上一搜，便可查找到若干包含"茶马古道"题名或以此为主题的书籍。

个美丽但是落后之地。因为靠近东南亚的金三角，云南又曾以毒品走私而令人畏惧。在玩笑之中，常听人们说，云南是被皇帝流放才去的地方——当然这话并非没有历史依据，例如明代文学家杨升庵就是遭贬云南、终老一生。云南人自己，也常常自嘲很"土"，或者感叹说，云南有许多好的资源，比如茶叶、烟草、自然风光，但是云南人太老实，从不懂得怎样利用自己的资源去吸引别人的眼球。

然而，这些"土"和落后，在 21 世纪初的时候，开始逐渐成为新的可利用资源。在中国整体经济大力发展、人们生活水平快速提升之际，相比于东部发达地区，云南仍有一定差距，但是云南在自然和文化上的特质，越来越成为厌倦了都市生活和向往"原生态"之美的人们所渴慕的对象。而云南人本身，也越来越意识到自身的价值："土"的物品，经过某种文化包装，可以成为时尚，成为"文创"。正是在外界的渴望和内部的自我"觉醒"的共同努力下，一系列云南文化创意活动拉开了帷幕，并被人称之为"云南现象"（朱斯坤、李音，2006）。

2003 年，因孔雀舞而闻名全国乃至世界的著名舞蹈艺术家杨丽萍，领衔推出大型歌舞表演《云南映象》。这一表演将云南少数民族"原生态"元素和现代艺术时尚糅合在一起，令人耳目一新。继在昆明上演之后，又在国内其他城市陆续推出。演出在视觉呈现上颇具震撼力，"映象"这一词本来也是与视觉紧密联系在一起的。而"映象"与"影响"发音相似。可以说，经由《云南映象》在全国的上演，"云南影响"也同期引发了效应。

2001 年，云南迪庆藏族自治州下面的中甸县被国务院批准改名"香格里拉"。"香格里拉"这一地名首次出现于英国人詹姆斯·希尔顿的小说《消失的地平线》（Hilton，1939）中。书里描绘了一个藏族地区的世外桃源，自然风景美丽，宗教信仰和谐。小说没有确指具体的地点，被后人大略估计为位于中国西南或靠近喜马拉雅山麓。1997 年，云南拿出研究证据，宣布"香格里拉"就位于云南西北的中甸，并筹划改名申请。申请于 2001年获正式批准。怀有同样计划的四川慨叹比云南晚了一步。改名之后，"香格里拉"以及云南的整体旅游人数大增（Hillman，2003）。

与此同时，许多电影团队来到云南拍摄，把云南称为电影拍摄的天堂。云南省政府对此亦给予大力支持，称电影拍摄正在成为云南的一大亮点（云南广播电视报，2005）。仅仅以 2006年为例，就有 10 部故事片在云南采景拍摄。纪录片同样把云南形象不断地推介给外界。英国人菲尔·阿格兰德（Phil Agland）于 20 世纪 90 年代拍摄的纪录片《云之南》（*China: Beyond the Clouds*）令世界将眼光投向丽江。和茶马古道有关的纪录片也层出不穷。记述从云南西北的怒江通往西藏东南察瓦龙一线的马帮及沿途人物的纪录片《德拉姆》于 2004 年在影院上映，该片由中国第五代电影导演田壮壮拍摄。2005 年，另一部由中央电视台制作拍摄的《茶马古道》系列纪录片上映。韩国 KBS 亦有同名纪录片引人注目……电影的播放进一步令"茶马古道"这个名词家喻户晓，并且让人们产生了一种沿茶马古道去旅游的浪漫愿想乃至行动。

在著作、表演、电影和旅游之外，另一和茶马古道紧密联系在一起的物品就是普洱茶了。一方面，普洱茶被认为是催生了茶马古道之形成的重要商品（木霁弘等，1992）；[1] 另一方面，在近似传说一般的讲述里，普洱茶沿茶马古道的运输有一个美丽的神话，即马背上的自然发酵。到云南的茶马古道沿线来游玩时购买普洱茶，逐渐变成了旅游的一项必要任务。

　　随着现代交通的完善，马帮运输所剩无几。但是为了迎合不断提升的茶马古道形象宣传和普洱茶的价值，新的茶马古道线路在文化和商业的运作下不断被创造出来。除了前面提到的两次去往北京的现代马帮之外，2005 年，另有一支新创的马帮模仿茶马古道之滇藏线路前往西藏（云南日报，2006a）。2006 年 10 月有"茶马古道国际文化之旅"，这次的终点是尼泊尔。除了茶叶之外，还有专题摄影展在尼泊尔举办（新境，2006）。2006 年 2 月，有人组织将普洱茶运送并储藏于中国的 33 座名山。2006 年 7 月，有普洱茶被载上从广州驶出的新"哥德堡号"。"哥德堡号"原是瑞典东印度公司驶向亚洲的贸易轮船，1745 年在到达广州不久之后的一次行程中沉没。瑞典东印度公司 1995 年重造"哥德堡号"并于 2005 年再次驶往广州。有报道说，在打捞起来的哥德堡号残骸中，有普洱茶。于是，将新的普洱茶装载上 2006 年新的哥德堡号，被媒体称为这是将陆路的茶马古道与海上丝绸之路有效联结的壮举（云南日报，2006b）。

---

[1] 更多世界学者的论证说明，在这样的运输古道的形成中，茶叶占据着重要但是并非唯一显著的作用，其他经济物资的需求和运输同样意义重大，例如盐、棉花、鸦片、枪支、其他金属器具（参见 Prasertkul，1989；Hill，1998；Giersch，2006）。

从 20 世纪早期开始，云南省政府就提出了发展的三个目标，即将云南打造成为"绿色经济强省""民族文化大省""旅游文化大省"。普洱茶流行的出现看来与这三个目标极度吻合。普洱茶与茶马古道一起，成为新时期云南向外自我推介的重要代表物质及概念。显而易见的是，这些概念、宣传和"文创"，也是上一章讲到的普洱茶价格在 2007 年突然飙升的重要背景。

普洱茶的四大价值

邓时海先生（2004）所著《普洱茶》一度被认为是普洱茶的"圣经"，这本书较早提出，"越陈越香"是普洱茶重要的特性。自此，普洱茶逐渐被众多的爱好者、收藏家、商人及文化人发展衍生出了诸多价值，可以大致归纳为四个方面。

第一是品尝价值。一个流行的说法是，爱上了普洱茶，就不再愿意喝别的茶。我本来对此半信半疑，但是在调查中，不断遇到这样的人。我的不少受访人将他们严格意义上的喝茶经历追溯到 20 世纪 90 年代，那时许多中国城市流行的是香气迷人的铁观音。他们中许多人从二零零几年开始接触到普洱茶。实际上，不少人第一次喝普洱茶的经历并不愉快。有的形容第一次喝到的普洱生茶是"太刺激"，普洱熟茶则是"土腥味"。然而，在接触到更多的普洱茶之后，他们逐渐觉得铁观音的香气和滋味相比之下变得淡薄肤浅了。喜欢熟普的，常以"暖"和"滑"来加以形容。喜欢生普的则觉得这种普洱的回甘和生津之长之深，是其他茶所无法比拟的。有人直白地说，喝了生普，觉得其他茶都不"过瘾"了。更有人喜欢引用邓时海先生著作（2004：37－61）中的各种描述。例如，普洱茶的香气有兰香、参香、樟香等；经过陈放的普洱茶可以"补气"；好的普洱茶的回甘生津可以达到"舌底鸣泉"；而最高境界的普洱茶之味是"无味之味"，等等。假如遇到有人说普洱茶的滋味并不怎么样，普洱茶爱好者们往往会反驳说，那是因为他还没有尝到好的普洱茶。

第二是普洱茶的健康价值。除了一般茶叶也具备的功效，普洱茶被认为还具有更多增强性的独特功用，例如减肥、美容、促进消化、暖胃、去湿、降血压，以及预防癌症、便秘、冠心病、动脉硬化等（池宗宪，2005；刘勤晋，2005；石昆牧，2005；周红杰，2007）。最常被提及的是降三高。我曾遇到过报告人拿出他的体检报告，证实他在喝过普洱茶一段时间之后，血压、血脂和血糖指数有较好改善。也有朋友结合个人经历，说明普洱茶对于防治痛风有显著作用。在昆明某茶馆里，我曾经听到有刚从西藏旅行回来的人说，普洱茶对高原反应亦有正面作用。总而言之，普洱茶被与养生长寿紧密联系在了一起。

第三是普洱茶的文化价值。最明显的体现是之前所述云南省将普洱茶与茶马古道文化相提并论的行动。此外，茶商和茶文化人屡屡提及普洱茶曾经被作为贡茶的历史，它的紧压形制被认为体现了唐宋遗风，它的陈化表现了慢生活，与道家、禅宗的关联，以及用普洱茶的陈化之道来比喻一个人不经历时间就无法成熟的自然历程……更有甚者，将喝普洱茶与中国特色的"素质"相提并论，即懂喝普洱茶的人才是有素质的人。一时之间，喝普洱茶不仅代表着文化怀旧，更被用于代表优良的文化素质、文化时尚和生活方式。

第四是普洱茶的财富价值。从2003年左右，越来越多的人开始加入普洱茶的销售大军。茶商们意识到，再好的龙井或武夷岩茶，其存放时间也是有限的。特别是龙井等名贵绿茶，今年不卖出，到了第二年就是明日黄花。普洱却不同，再过十年卖不出，价值不减反增。所以坊间流行的一句话是，今天不存普洱茶，明天就会后悔。历年的拍卖统计数字吸引了很多人（CCTV，2008）：

- 2002年11月，在广州茶博会上，100克3年的普洱茶拍卖价为16.8万元人民币，打破了铁观音2001年的拍卖价12万。
- 2004年春节，曾经存于故宫、后为鲁迅收藏的3克普洱茶被拍卖到12 000元。即，每克4000元，相当于同期黄金价格的32倍。
- 2005年10月，由思茅出发的马帮驮茶抵达北京，一筒普洱茶（7饼，每饼357克）被拍卖到160万元。
- 2006年9月，在第一届云南国际茶博会上，100克普洱散茶被拍卖到22万。
- 2007年5月，一饼400克重的普洱茶被拍卖到40万元。

随着普洱茶价值的提升，中国茶叶销售的格局发生了改变，茶叶消费结构也随之受到影响。传统上，中国什么地区喝什么茶，一方面受到茶叶生产的在地性的影响，比如，生产绿茶较多的地方以消费绿茶为主，生产乌龙茶较多的地区以消费乌龙茶为主，等等；另一方面，这种消费选择又与地方的气候条件、饮食习惯、文化传统有着密不可分的联系。一般来说，华北地区的人喜喝茉莉花茶；东部江浙地区长期以来以绿茶为主，而龙井、碧螺春等名茶也诞生于此地；福建和广东人则酷爱乌龙茶。就全国范围来说，绿茶是中国消费量最大的茶。普洱茶流行之前，在北京、上海、广州等大城市，铁观音是有经济能力的消费者最青睐的茶。而自 21 世纪初开始，普洱茶逐渐取代铁观音，成为最受关注的茶，其流行速度之快和文化炒作之多，被称作"疯狂的普洱茶"（CCTV，2007b）。在普洱茶"疯狂"之后，白茶特别是老白茶也开始升温，这被认为与普洱茶的带动不无关系。

位于广州的芳村茶叶市场，是中国最大的茶叶批发市场。据广东茶文化促进会的统计，到 2006 年为止，市场 99% 的店铺都在销售普洱茶。许多原来以铁观音为主的茶店，也陆续开始销售普洱茶，有的保留以其他茶类为主打，但至少将普洱茶作为第二位，而且是必备的销售品。在芳村市场当年的茶叶销售总额 6700 万中，普洱茶占了三分之一（普洱茶周刊，2007d）。

马帮的驮茶进京，则在中国北方的茶叶市场掀起了巨大的波澜。马连道茶叶市场位于北京，是中国北方最大的茶叶批发市场。我在易武遇到一位在那里开店的女士，她向我这样描述2005 年从思茅出发的马帮到达北京时给当地人带来的震撼：

没想到会有那样一支马帮突然出现在马连道。我以前只在电视或者杂志里面见过。而且马帮驮的茶来我们那儿以后卖到天价，这个是谁都没想到的。所以这个事情影响挺大。差不多打那儿以后，我们市场里人人都想着要卖普洱茶了。

思茅的一位领导指出，马帮送茶进京和思茅欢迎普洱贡茶"归家"，一送一迎，正好相呼应，都为普洱茶及云南展现了积极的正面的形象（普洱，2007a：5）。云南有名的某茶企业老板则把普洱茶称为"曾遗落他乡的名片"，意指普洱茶生于云南，但后来是在香港、台湾乃至广东等地发扬光大；现在普洱茶产业蓬勃发展，但远未达到顶峰。这位老板说："普洱茶不该成为云南的一张'名片'吗？这可以说是云南散落和遗忘在他乡的'名片'，现在别人拿着'名片'找来了，我们只有赶快开足马力'加印名片'。"（马益华，2006）

现实中，云南茶界确实正在"加印名片"。尽管一直有人对普洱茶生和熟的界定有质疑，例如有人认为作为"后发酵"的普洱茶不应包括尚未仓储过的生茶，但云南省政府 2006 年的定义已经明确指出，普洱茶包括生茶和熟茶。而一旦生茶也被囊括进去之后，普洱茶的产量便明显提高了。《中国新闻周刊》（唐建光、郇丽、王寻，2007a）援引邹家驹的说法，如果按照 2003 年的定义，只有经过渥堆发酵的才是普洱茶，那么自 20 世纪 70 年代以来，云南普洱茶的年产量不过一两千吨而已；但是一旦执行 2006 年的定义，生普和熟普都是普洱茶，那么云南普洱茶的年产量一下子就变成 8 万吨了！

　　普洱茶流行之后，云南人本身的茶叶消费类型也发生了变化。许多不了解云南的人以为，云南人喝普洱茶是理所当然、自古如此。实则不然。普洱茶流行之前就一直在喝茶的云南人告诉我，他们以前最常喝的是绿茶，而且是云南的绿茶。临沧的"蒸酶"茶、西双版纳或思茅的"大叶茶"、腾冲的"磨锅茶"，都是云南一般喝茶人耳熟能详的绿茶。但普洱茶的流行改变了这一绿茶消费生态。我在 2002 年时曾喝过思茅产的一种名为"大白毫"的绿茶，泡在玻璃杯里芽毫尽显，微带糯米清香。思茅改名之际，我本以为可以在那几天的茶叶展销会上找到这种茶。但是走遍各个角落，却发现没有多少绿茶在卖。好几家柜台摆放的普洱茶饼表面，倒是芽毫显露。一询问，"大白毫"绿茶没人在做了，多是已经压进了茶饼，并且不再是绿茶而是"普洱茶"了！卖茶人告诉我，只有这样的茶才可以"长期存放"！

　　根据官方统计，2006 年云南普洱茶年产量为 8 万吨，比上一年增长 28 000 吨；从 2005 年到 2006 年，普洱茶在全省茶叶的总产量从 45% 上升到了 58%。

小结　普洱茶的地缘政治

　　本章关于普洱茶原产地和定义的论述、想象和竞争，应和了西方国家亦曾出现的农产品的地缘政治，最可比的案例便是法国的葡萄酒（Ulin，1996；Barham，2003）。同样可以通过长期存放而价值提升的红酒，历经 19 世纪和 20 世纪的种种争论，最后在法国建立起了一套相对成熟的生产、储存和品鉴标准，并被推广到欧洲其他产品，如奶酪、巧克力、肉类上。这一系列标准之建立的概念基础，在法语中被称为 terroir，译为"风土"。"风土"这个概念的复杂性在于，它包含了自然环境、人工制造和地方文化三方面内容（Barham，2003）。首先它是一个关于农产品的自然地理标志性概念，即一种"风土"的葡萄酒代表着相应的一种独特的自然地理环境。其次，一种"风土"也代表着相应的生产加工该农产品的制造方式，代表着该产品被倾入的独特的劳力和心血。再次，"风土"绝不仅仅是一个自然概念，也是一个文化概念（Pratt，2014）。某种农产品生产地的人们的语言、习俗、生活方式等，都是环绕和赋予这种农产品以某种独特生命力的重要元素。所以消费一种来自某地的葡萄酒，也是在消费这种葡萄酒产地的地方文化。总而言之，这种"风土"具有其不可替代性。

涉及普洱茶地缘政治的争夺，在很大程度上与法国葡萄酒具有相似性，从本章所述人们围绕普洱茶的原产地、茶类定义和文化包装三方面的论述可见。实际上，在希望解决普洱茶鱼目混珠的问题的呼声里，已经不断有人提出，普洱茶产业应当向法国红酒学习。① 然而，这种希望普洱茶向红酒学习的呼唤，

---

① 这样的提法屡见于媒体报道与各种知识性网站，比较典型的一篇文章如：《普洱茶与红酒的对话》，载于"云南普洱茶知识网"：http://puer.368tea.com/?action-viewnews-itemid‐7101；又如：《普洱茶向葡萄酒学习什么》，载于"茶话社"：http://www.qnlife.net/chabaike/45480.html

更多地只停留为一种口号；在实践当中，普洱茶标准的建构，自有其规则。即便围绕普洱茶的一套生产和鉴别标准也许可被称为"风土"，但普洱茶"风土"标准的形成，却并非是依据红酒的规则学习和借鉴而来的；相反地，它是在普洱茶所处的独特的社会文化背景下，在经济利益、文化建构、地方互动、政府导向等多种力量的驱动下逐渐形成的。而且，关于普洱茶的种种标准或定义，是在近年来普洱茶热的过程中，由茶商、鉴赏收藏家、茶农和消费者合力营造而出的，更多地停留为一种民间智慧和不成文的规则；或者，即便已经出台了政府规则，争议却依然存在，不少人依然我行我素，这与法国红酒"风土"鉴定之具有法令约束力的情形很不相同。形塑着普洱茶独特的"风土"之争、并造成了与法国葡萄酒对"风土"的不同界定和行动的，便是本书认为所应当重新审视的中国之江湖文化。

　　本章所具现之江湖文化，其重点在于对地方性（locality）和原初性（originality）的关注，特别是反映在云南将普洱茶作为一张名片来为地方文化形象进行推陈出新的举动上。在全球化背景下，各个地方被更紧密地联系在一起，彼此之间变得越来越趋同，界限日益模糊。但是后现代理论家大卫·哈维（David Harvey，1989：295－296）指出，"当空间边界变得次重要时，各空间的资本敏感度却在提升，各个地方力求以不同方式来吸引资本的动力也增强了"。也就是说，全球化一方面赋予了各个地方一种同质性，但另外一方面又在促生各个地方以不同方式来表达自己的独特之处。在普洱茶的案例中，每个产茶地只有当呈现出自己独特的一面，比如抢夺到"原产地"的桂冠时，才能获得最大的投资、商业和旅游吸引力。在为普洱茶进行话语论述和为云南建构独特的地方形象的过程中，植物学的、历史学的以及其他各种相关知识，被按需所取地拿来为普洱茶的身份进行解释，充分体现了哈维（Harvey，1989：295）所说的后现代特征之一，"灵活的积累"（flexible accumulation）。

这种"灵活的积累"也应和着另一概念"跨地方性"（translocality）（Oakes and Schein，2006）。提出这一概念的学者指出，在当下中国频繁的地区互动和人员流动中，地方性并没有像有的人认为的那样受到削弱，相反地，每个地方正在觉醒，并谋求以不同的方式来建构自己的特质；而且这种建构发生在不同的地理区划和不同的层级之上（multiple scales），然后又在不同的层级之间找到一种合理的联通逻辑。如果以普洱茶现象来体现此理论的话，那么最典型的就是对于何处是普洱茶故乡的争论了。一方面，思茅和西双版纳在争夺哪里才是普洱茶的原产地，但另一方面它们又都毫无异议地承认，云南才是一个共有的原产地、一个共同的大家庭。同样地，一方面云南以普洱茶作为王牌，向其他产茶地区推出自己独特的茶文化形象，但另一方面这种关于普洱茶的文化包装是借鉴了中国茶文化的塑造方式的，或者说，云南普洱茶在包装自己的过程中亦在竭力取得与中华茶文化的尽可能多的联通性，例如称普洱茶体现了中国唐宋文化的遗风等等。于是，在类似灵活变通的策略之下，低一层级的地方文化亦成了高一层级的地方乃至国家文化的代言，进而通过与国家乃至世界的文化相连，力求使地方文化的建构获得更大的合理性。

　　在普洱茶文化形象的建构过程中，有多元的地方文化的声音参与。在多元之中，普洱茶变得丰富但也由此变得复杂和扑朔迷离、莫衷一是。这种扑朔迷离，又吸引着更多的人去探索它、解构它，力求解开谜团，发现唯一的"正宗性"。正是这多元的地方、声音与愿望，共同建构出了一个复杂的普洱茶江湖。在此江湖图景之下，普洱茶的故乡，变得多元了。

第四章　过犹不及

"炒　茶"

2007 年 3 月底，我在易武田野调查之际，接到一位昆明亲戚的电话，请我帮她在当地买一批普洱茶。她在电话中强调，希望买的茶"以后能升值"。要在易武当地买茶并不难。但是面对若干做茶人家，我却很难说清楚到底谁的茶以后会升值。这位亲戚平日很少喝茶，要跟她一下子讲清楚茶叶来源、后期储藏和升值之间的关系，不容易。正当我犯难之际，她又几番打来电话，询问关于普洱茶的种种。我有些纳闷，像她那样一个工作繁忙，且不会忙里偷闲喝茶的人，如今怎么突然关心起普洱茶来了？不久，她又来电话说，易武的茶只要买几片就好，因为另外有人已经帮她从勐海那边买到一批"有极大升值潜力"的茶。一问才知，那是"大益"，勐海茶厂生产的；还有"中茶"，中国茶叶公司云南分公司出品。

后来在昆明，她向我展示了买到的茶。我看到"大益"7542（生茶）和 7572（熟茶），两款分别被称为是云南生普和熟普的标杆的茶。① 还有若干包装纸已见年份的"中茶"（图 4.1、4.2）。
她把它们存在书房，占去了大约 3 平方米的空间。全部茶共花
费 2 万多元。这位亲戚表示，如果有其他"可升值"的茶，她
还愿意再收购一些。很显然，她买这些茶是作为投资，绝不是
用来喝的。

图 4.1　"中茶"普洱茶　　　图 4.2　"大益"普洱茶

与此同时，我突然听到越来越多的人和普洱茶挂上了关系。
我母亲告诉我，她原先的两位同事，前不久在昆明开了茶叶店，
而这两位同事以前从事的行业是工程制图。同时期，我在父母
家门口不远处一条并不安静的街上，发现原来的一家小百货店
一夜之间变成了普洱茶店。我甚至还在昆明某菜市场里看到，
一位大妈正在临街的流动摊位上贩卖圆饼普洱茶，和卖菜、卖
水果没有什么两样。普洱茶的经营似乎打破了中国人开茶店的
一个法则"闹中取静"，而是只要有空间，任何地方都可以买卖

---

① 7542 和 7572 是"大益"品牌的唛号，实际是指茶叶拼配的某种配方。
　 75 是指这一配方首次产生于 1975 年；4 和 7 是茶叶的等级；2 是勐海茶厂的
　 代号。

这个被传说得很神奇的茶了。据某茶叶杂志统计，仅在 2005 到 2006 年间，中国主营普洱茶的店铺数量就翻了三番。到了 2007 年，这个数字还在不断上升。

茶价上升的春天，我在易武，时常听到有人家晚上 11 点了还在炒茶，也目睹了当地本来与茶没有关系的其他行业的人员突然加入贩茶、做茶大军的情形。去到思茅、景洪和昆明的茶店，本来是想专访店主的，却常常不期而遇其他各路人马，聚在那里喝茶论茶、相互切磋最新的普洱茶议题。我的专访于是落空，但往往借此参与了完全没有预料但却别开生面的田野观察。就如景洪一位记者朋友跟我说的，现在是"全民皆茶"。

在某些茶店里，人们一边喝茶，一边炒股。一群人之中，往往有一个茶叶专家，为大家泡茶讲茶；另有一个股市专家，为炒股的人提供他的专业意见。于是，一边喝茶，一边摆弄手中的电脑或手机，一群人就这样围坐度过一整个下午。而许多学茶者意不在喝茶，而在"炒"茶。普洱茶变成了不仅可以喝，也可以像股票一样炒来炒去的对象。

2007 年三四月间，在广州芳村茶叶市场，普洱茶一转手，即刻升值。芳村是中国最大的茶叶批发市场，而据说全国普洱茶有一半的存量都在芳村。在芳村，普洱茶常常不是以"片"而是以"件"来论数量。一件有大件和小件之分，当时的一个大件包含 12 筒七子饼即 84 片圆饼普洱茶，以每片 375 克来计，一件共 31.5 公斤。小件则是大件的一半。芳村是茶的海洋，我 2007 年在那里连续逛过三四天，总觉得许多事象都看不明白。和人搭话，人家总是爱理不理。后来有个朋友教我说，你要特别打扮一番，让人看着是比较有投资意图的样子；进店以后，如果问"一片多少钱"，当然没人搭理你，要直接问"一件卖多少"，一定会有人马上拉一把椅子说，"来来请坐，我们慢慢谈"！

当普洱茶以"件"买卖时，它被用来炒作而非品饮的意味也更明显无疑了。芳村的茶商、一位朋友介绍的熟人，这样告诉我：

> 在芳村，一件普洱茶在一天之内，价格可以变化得相当快。有时候一件茶上午是 5000 块，下午就变成了 5200；有时候几个小时之内就会涨 500 块。当然不是所有的茶都可以这样，只是因为普洱茶可以一直放下去嘛！

以前通常流行的说法，"今天不存普洱茶，明天就后悔"，现在被细化为"今天不存一件普洱茶，明天就后悔"。听说我在从事普洱茶的研究，许多人连连点头，称赞这是"非常正确的选择"，并且提醒我，趁此研究机会，"炒"一些茶！

炒茶这个词原本的意思是指普洱茶加工的一个环节：将采摘的鲜叶，放到一口大锅里，在高温下翻炒，提高茶叶香气，杀死茶叶的酶活性，停止或部分停止茶叶的发酵或氧化，专业术语称"杀青"。这一制作方式正式诞生于明代，也揭开了中国炒青绿茶的时代（朱自振，1996）。和日常"炒菜"不同的是，炒茶时锅里并不放油。按照中国茶学界对茶叶的分类，茶叶不同，炒茶的环节和方式也不同。绿茶是不发酵茶，茶叶采摘和摊晾不久之后就要杀青，以迅速终止茶叶的酶活性。青茶是半发酵茶，要等茶叶经过相当一段时间的静置、摇晃、翻搅，发酵程度达到50%上下时，再行炒茶。普洱茶是后发酵茶，其前期加工方式却近于绿茶，只是如某些专家在区分绿茶和普洱茶时特别强调，普洱茶炒茶的温度要略低于绿茶，以保持茶叶部分的酶活性，才能实现后期的自然发酵（石昆牧，2005）。也就是说，炒茶的温度非常关键，不能太高，也不能太低。机器炒茶实现了对温度的准确控制，但是过于衡定，失去了灵活。在易武，许多做茶人家保留着手工炒茶，对温度的掌控主要依靠人的经验。

在比喻的层次上，炒茶之"炒"借用了炒股之"炒"，意思变成了对普洱茶价值的炒作，即一经转手，价格即刻不正常地升高的现象，一种对普洱茶品饮价值、健康价值、文化价值和财富价值的过度吹嘘和提升。也就是说，"炒"意味着对原有属性和原有价值的远离。

列维-施特劳斯在其著名的饮食三角法则（culinary triangle）中，比较了烤（roasting）、煮（boiling）、熏（smoking）三种使食物由生转熟的方式，并将烹调（cooking）视为人类被文化塑造并日渐远离原始自然的途径；而之所以是一个三角关系，乃因为烤、煮、熏三种方式，哪一种比另外两种方式更靠近文化还是自然，并非固定不变，而是由具体的烹调条件和烹调结果来决定的（Lévi-Strauss，1970；2008；亦参见 Leach，1970）。施特劳斯没有提到"炒"，可能是因为这一食物加工方式在其研究的文化群体或者西方烹饪中不占主流。

普洱茶之被"炒"的案例，提供了对施特劳斯的饮食三角及生与熟理论的发展和延伸。和烤、煮、熏一样，"炒"促使食物（茶叶）由生转熟，从自然朝向文化。这也是炒茶作为加工工艺而言的基本意涵，是技术层面的人为的显性作用。通过此作用，食物（茶叶）获得了食用价值。但比喻意义上的"炒茶"则说明，人的欲望和人为的干预可能促使食物（茶叶）在隐性层面上发生又一次由生向熟的转变，这一次的生与熟的界限，体现为是否具有较高的商业价值。没有获得较高商业价值之前的"生"的状态，就如同第三章所言云南的"土"一样，不具备吸引人眼球的特质。而经过炒作后变"熟"的普洱茶，获得了空前的商业价值。复杂并充满悖论的是，经由第二个层次被"炒"的普洱茶，不仅获得了较高的文化地位，而且如同第一章所论述过的，也可能同时包含被文化包裹的较高的"自然"地位，即文化和自然价值的双重提升。

但是 2007 年春夏之交，当普洱茶价格到达一个巅峰时，突然出现滑坡。有人说，这是因为温度被炒得过热了，所以出现问题。本章下面就将叙述这一转折的出现以及人们围绕此事件所进行的解释以及争论。普洱茶价格的由高转低，一度被广泛从经济学角度进行剖析。本章将转述某些经济报道，但与此同时提出，这一事件的本质更可以从文化上予以解释，而茶价陡落之后的种种争议，尤其体现了中国文化里关于中庸、批评、澄清以及遮掩等问题的思想和态度。也就是说，普洱茶价值的起落，不仅是市场经济规律和运势的体现，更是当代中国人起伏变动的社会文化价值观的折射。

"两次地震"

2007年6月初，思茅发生了里氏6.4级地震，震中在老普洱。这个地方刚在两个月以前改名宁洱。据报道，地震导致3人死亡，500人以上受伤，100万人住房受损，直接经济损失达25亿（CCTV，2007a）。许多人十分关心这场地震对当地普洱茶产业的影响。一位经济学家事后一年在参加电视访谈时追述说，他关注到，2007年春天时普洱茶价格在涨高；地震发生后，按照常理来说茶会进一步飞涨，但是地震发生不久，茶价不但不涨反而跌落了。于是他当时觉得，在普洱茶这件事上，一定有其他异常情况发生了（CCTV，2008）。

2007年6月15日，央视播出了一档节目，报道了正在发生的普洱茶价格的滑落（CCTV，2007c）。尽管茶价的下跌其实从5月份就已经开始，但这次节目却被普洱茶利益的维护者认为是标志着普洱茶价格和形象正式下滑的关键事件（后文详叙）。节目开宗明义地指出，两场与普洱茶有关的地震刚刚发生。一是普洱茶的原产地之一发生的一场地震；另一个是普洱茶价格的地震。节目以"普洱茶泡沫破了"为题，并从广州芳村茶叶市场开始讲起，因为这里被认为是全国普洱茶价格的晴雨表。节目告诉大家，在过去三十天里，芳村市场普洱茶的价格下跌了一半：原价2万一件（31.5公斤）的大益7572，现在变成了9000元，而其出厂价原本只是5000元。节目将普洱茶的价格炒作和股票炒作的原理相比，指出一些大品牌及其经销商正是普洱茶价格不合理波动的"幕后操盘手"，而之前普洱茶价格被快速炒高的过程是这样的：

> 以市场上一件 30 公斤出厂价为 4800 元的普洱茶为例。一级经销商用重金取得经销权以后，在市场上只放出 20% 的量，造成这种产品紧缺的气氛，然后又以高价进行回收，以抬高其价格，然后再将其全部抛出，经过二级三级经销商不断的重复炒作，最后将价格抬到了 23 000 元，而这时在 23 000 元高位上接手的许多散户，则被牢牢地套住。

节目还列举了一些令人惊骇的数字：

- 为获得经营权，经销商向大厂和大品牌付出的资金在 1 百万至 3 千万之间。付出资金越多，可以进到的普洱茶数量也越多。而报道指出，普洱茶价格之所以变态，主要就是因为经销商需要努力赚回为经销权而付出的巨额投资。于是，茶价节节升高，以至崩盘。
- 普洱茶价格崩盘后，总共有 100 到 300 吨普洱茶囤积在经销商手里无法售出。
- 大约 95% 的普洱茶都是用来炒作投资的，只有 5% 的茶在消费者的肚子里。节目援引广东一位茶界人士的话说，"从现在开始，一克普洱茶不进，广东这个市场在五年甚至八年内喝现在存有的普洱茶都喝不完"。

总而言之，节目将普洱茶价格暴跌的原因归结为不正当炒作。节目在结尾抛给观众一个反问："就像普洱茶，如果囤货量已经大到足够大家喝上好几年的，它还能值那么多钱吗？"

由于央视的播放效应，一时间，这一节目所报道的内容为人们所广泛传播。那段时间，许多关心此问题的人见面时候的问候语变成了：普洱茶怎么了？

不久之后，另一媒体对"普洱茶乱局"进行了解读。由四川青年报社出版的杂志《新生代》指出，加入普洱茶"炒茶大军"的人数多达 3000 万，普洱茶价格的崩溃意味着这 3000 万人都被"调戏"了，而普洱茶庄家、不法商人、大厂家乃至某些政府部门，都是这一事件的共谋者（姚遥、郭宇宽，2007）。这一期杂志和央视节目一样，将普洱茶炒作与股票炒作类比，并特别对"中茶牌经营模式"进行了调查分析。"中茶"是中国土产产产产云南茶叶进出口公司（简称中茶公司）的品牌，是普洱茶被炒作中和"大益"并列的一个响当当的名字。《新生代》记者通过走访调查发现，中茶公司曾授权不少商家使用"中茶"商标，却并不提供茶叶原料，也不监管茶叶生产，结果导致假的"中茶"普洱茶泛滥，并进一步影响到整个普洱茶市场的无序和混乱（郭宇宽，2007a）。就如同我的那位亲戚一样，有不少人正是因为追求大厂货可能的"升值"空间而购买了"中茶"，买了以后却一口也没尝过，不知茶叶好坏，也不知自己对其喜好如何，只是存放家中伺机抛出。而一旦普洱茶价格滑落、无从抛售，他们便只有无奈地继续存放，但却无从知晓这些茶何时才会"越陈越香"。我的亲戚，只是被套住 2 万元左右，已经有苦说不出。而许多报道称，有不少二三级经销商被套几百万元，甚至倾家荡产。

自从普洱茶成名以来，媒体关于它的报道就层出不穷。到2007年为止，以普洱茶为主题的报刊达13家，其中10家是云南的，绝大多数创办于2005至2007年之间。在普洱茶价格下滑之前，关于它的报道大部分是正面的、歌颂式的。这种歌颂亦随着茶价的涨高，在思茅改名普洱前后达到了巅峰。但是像央视节目以及四川青年报社杂志这样的解读，似乎第一次正式地"批判"了普洱茶被炒作的现象。许多其他大小报道接踵而来，欲图解构普洱茶，揭示其并不神奇甚至并不光彩的一面。有一组醒目的报道，题名"普洱的盛世危言"，发表于《中国新闻周刊》，也对普洱茶神话产生的由来进行了透视（唐建光、郐丽、王寻，2007a；唐建光、郐丽、王寻，2007b）。诸多此类报道，在2007年的夏天、下半年乃至2008年不断涌现……有的指出普洱茶的生产过程不像某些宣传讲的那样精细，其实既不复杂也不神秘；普洱茶的功效也并非那么神奇，而是和其他茶差不了多少，或者有待进一步研究和证实；还有的说，对于普洱茶可以长期存放的宣传是一种误导（CCTV，2007b；CCTV，2007d；王寻，2007）。

"来自云南的声音"

2007年6月底，我在昆明旁听了一场题为"来自云南的声音——普洱茶现状之正本清源"的座谈会。座谈会由云南省普洱茶协会主办，参加者有云南相关部门官员、当地媒体、普洱茶大型企业和厂家负责人、茶叶专家，还有一些不请自来的茶商。大部分与会者来自云南，也有几位受邀而来的北京客人。会场气氛十分严肃，一开始没有安排任何人发言，而是播放了央视两个星期前的节目《普洱茶泡沫破了》。随后，会议主持人发表了开场白，郑重指出，正是这样的舆论导致最近普洱茶市场的局势变得十分微妙，所以需要大家来有针对性地进行发言讨论。由云南省普洱茶协会协办的《普洱茶周刊》特别报道了这次座谈会，并将会议的主旨明确归纳为：

> 这一座谈会是针对近期普洱茶市场出现的波动，造成目前普洱茶销售市场处于停滞状态，加之有些媒体的报道和恶意炒作，使得刚刚兴起的普洱茶产业受到严重损害的情况下而召开的。（普洱茶周刊，2007a）

那些近期引起轰动的关于普洱茶的报道，成为座谈会讨论的对象，其中一些内容被认为属于"不实"报道。例如，多位发言者指出，普洱茶"越陈越香"的特性及其健康功效是有案可查的，但是在这些报道中却被认为不存在或者与其他茶没有多少差别；普洱茶价格的滑落则是某些嫉妒普洱茶产业发展的人故意而为。更有一位云南茶界人士指出，恶意中伤普洱茶的事件在过去的几年中其实已经屡屡发生，不足为奇，比方2004年就有报纸文章说并非所有普洱茶都值得存放；2005年有媒体"编织"关于普洱茶在猪圈发酵的故事；2006年又有报道说12

种云南普洱茶是质量不合格产品……这一文章还指出，本次普洱茶价格滑坡事件，主要影响到大益和中茶，但"不实"的媒体报道却说整个普洱茶市场都崩盘了（鲁明，2007）。

尽管座谈会上亦有人发表不同声音，总体意见并不完全统一，座谈会召集者还是起草了一份宣言请参会者签署名字，表明要"保护普洱茶"和"防止它受伤害"的态度。宣言还重申，云南是普洱茶不可争议的原产地，普洱茶必须以云南大叶种为原料，等等。

在座谈会召开之后不久的 7 月，云南省茶叶协会宣布开始实施普洱茶地理标识注册规定。普洱茶的生产商和经销商，必须在经过检审获得资格并且缴纳一定的费用后，产品上才能标注一个符号，以证明是正宗合法的云南普洱茶（普洱茶周刊，2007b）。不过这一规定并非强制，当年只有一小部分茶商进行了注册申请。

在随后的几个月里，协会连同部分企业，为普洱茶的正名开展了一系列的活动。北京的媒体被邀请到云南来采访，对普洱茶的"真相"进行宣传报道。云南的茶叶团队，经过精心组织，前往北京、天津、上海，参加相关茶事活动，以图树立普洱茶的正面形象（普洱茶周刊，2007c）。11 月，云南组团并鼓励大小茶企茶商前往参加广州茶叶博览交易会——当时全国最大和最知名的茶叶展会。我亦前往此次茶博会观摩，看到普洱茶的旗号占了展会的半边天。交易会上，来自全国的各类茶叶和各类品牌琳琅满目，在其间我看到了被标注着"可以长期存放"的来自福建武夷山的岩茶（青茶之一）和广西的黑茶。和我同去的云南朋友说："你看外省人打压云南普洱茶，但他们自己也在学习怎么'越陈越香'了！"

普洱茶价格下滑后，云南茶界开始特别注重宣讲的一点是：普洱茶主要是用来喝的，而不只是用来存的，因为普洱茶的真正价值只有通过消费才能真正体现。这一说法所针对的，是电视节目引起云南普洱茶界特别恐慌的一句话："从现在开始，一克普洱茶不进，广东这个市场在五年甚至八年内喝现在存有的普洱茶都喝不完。"

"过熟还是太生？"

不管怎么说，2007 年春夏之交的事件确实引起了更多人的理性反思，试图从根本上找到普洱茶突然降温的原因。更重要的是，这些反思其实也包含了对这个茶为何在近些年里形象陡涨的分析。这些分析见诸报纸杂志，发声于会议展览（包括"来自云南的声音"座谈会），也随时出现于茶馆交流之间。我在田野调查中主要收集到这样几类意见。

一种反思认为，普洱茶之所以出现问题，是因为其形象被人为地宣传过头了。借用关于饮食之生与熟的话来说，普洱茶被"炒"得"过熟"了。各级地方政府被认为是普洱茶形象宣扬的主要推手。有人举例，从 1993 年以来，全国就召开过近十次以普洱茶为主题的研讨会，都是在相关地方政府部门的大力支持和批准下进行的。仅 2007 年 1 至 4 月，思茅、西双版纳和临沧三个主要产茶区就各自召开过一次普洱茶研讨会，并且都与商业展会结成联盟。思茅欢迎人头贡茶"回家"和改名普洱、不同路线方向的现代马帮进京入藏、将普洱茶与哥德堡号"结姻"、名人宣传及拍卖、普洱茶的层级经销模式等，都被认为是官方直接或间接的对普洱茶名声的背书。2005 年组织的以普洱为起点的马帮入京贡茶取得了巨大的正面效应，但 2006 年效仿的以易武为起点的马帮运茶却遭遇失败，为这次马帮运茶贡献了私人茶品的易武人家都不知道他们的茶后来的下落。实际情况是，行走中的马帮在中途遇到资金困难，临时停滞浙江温州等待后援资金时，马匹却又被人偷抢。赶马人不得已变卖了本来用于"朝贡"的普洱茶，筹得回家路费草草结束了这次行程。有官员针对此事评论说，"好事不过三"，对这种只知形式模仿但是没有创新内容的方式进行了批评（CCTV, 2008）。

　　媒体的不当报道和宣传，被认为是导致普洱茶受到重创的又一原因。在"来自云南的声音"的会议上，某位人士发言时指出，云南地方媒体不该过度吹嘘普洱茶的"神奇"，尤其不应该把它的医用功效说成超越了其他所有的茶，也不应该过分强调大树茶和台地茶之间的差距；而且，如果普洱茶不被媒体当成像股票交易一样地来形容和帮助炒作，那么它的价格本来不至于升得过高，后来价格也就不至于崩盘。当这位人士发言提到"股票市场"时，与会的人们都颇感尴尬。会场位于昆明某茶叶市场，会议室里有一个电子大屏幕，那天用于播放央视的节目，但平时却是用于展示普洱茶产品和价格的最新动态信息的，和股票交易场所里的电子显示屏的作用极为相似。

还有人认为，把普洱茶炒作"过熟"的参与者比比皆是：某些大的普洱茶企业向经销商收取过高的加盟费，或者放任将未曾监管生产的假冒产品流向市场；一些不良商贩瞄准个体投资者，专哄不懂茶的人盲目下注；被这场游戏套住的个体经销商和普通消费者，一方面令人同情，另一方面亦难逃罪责：如果不是因为他们自己爱财贪心，又有谁能套住他们呢？

我采访过的一位云南生物学领域的教授认为，不应该宣扬普洱茶是不同于中国其他六大茶类的第七茶类，因为这也是一种过度炒作。他认为普洱茶虽然和黑茶在制作上有细节上的不同，但是大体是一致的，不必去争取把普洱茶作为一类单列的茶。他说，这就好比我们首先必须承认我们是人类，然后才能进一步去判别谁属于什么人种。如果在大的类别上都不愿意承认归属，那么势必会引起中国茶界的不满，容易遭到攻击。他说他喝过不少老的黑茶，也是在逐渐陈放中变得越来越有味道的，所以"越陈越香"并不是普洱茶独有的特性，不应该被过度强调。

秉持这一观点的人不少。类似的看法还有：普洱茶的宣传触犯了一般广告法则的大忌。即，普洱茶的推广者在叙述该茶优点的同时，不应该指责其他茶如何不好。这一指责针对的是现实中，云南茶商常常宣扬普洱茶可以长期存放，而其他一般的茶叶则过几年就会变成尘土废物。这样的宣传伤害了外省茶商的利益，所以招来别人的不满甚至打击，即"树大招风"或者"枪打出头鸟"。这一观点所指涉的，是儒家所倡导的为人行事的传统之一——中庸。好比侠客在江湖行走，本就风险多多，如果谦虚中立、小心谨慎，尚可避免灾难、转危为安；但是假若一味骄傲自满、锋芒毕露，则势必招惹麻烦、受到攻击。

另一类观点则认为，普洱茶之所以发生价格滑坡，重要的原因是许多问题都还没有得到澄清，即普洱茶还"太生""不熟"。在"来自云南的声音"论坛上，主席台上有一位受邀而来的客人，戴着墨镜。他就是当时有名的"中国打假第一人"王先生。其他人讲话和议论时，他一言不发。后来轮到发言时，他侃侃而谈。在他看来，央视节目不算虚假报道，反倒是事关普洱茶价值的问题亟待大家——梳理和解决。他提出了一系列的问题：普洱茶到底是一种饮料还是一种药？它真的是一种"可以喝的古董"吗？普洱茶真和假的界限到底在哪里？断定一饼普洱茶年龄的方法到底是什么？当人们遇到"假"的或质量有问题的普洱茶时，为什么不去举报？对于普洱茶的质量问题，到底有没有一套行之有效的监测方法？显而易见的是，王先生提出的这些问题，大多数人的回答是"不知道"，或者是"不好说"。

也就是说，通过提出这些问题，王先生把普洱茶之"不熟"指向监管体系的不完善。他的话语也暗示着，媒体的宣传看似已经很多，但是有价值的、足以把普洱茶的局面说透彻的报道还远远不够。类似地，普洱茶的产量正在逐年上涨，但是真正有品质的茶有多少呢？如果数量过剩，但是质量不足，是为"过犹不及"。

呼吁有力的监管、清楚的界定，这是目睹和经受了普洱茶市场之混乱的人们一直以来所期盼的。不过有趣的是，每当有一种声音尝试对普洱茶的身份和价值进行稍为详细和清楚的认定时，总有另一种声音站出来，提出反对意见。2007 年普洱茶价值波动之前以至之后，陆陆续续有人提出"科学普洱""数字普洱"之类的观点，并且付诸行动。例如，我曾听到某些学院派专家提出"数字普洱"，即用一定的类别的酶菌，在一定的时间和空间内，对普洱茶的渥堆发酵进行人为的和量化的控制，以得到较为固定风味的熟普。但是同期，我也听到不少普洱茶资深爱好者对这样的方法提出责难，原因是他们认为，普洱茶最大的特点就在于每一种和每一种的风味都不同；随着时间的变化，同一种茶，风味也变化无穷；如果量化、固定，那么普洱茶变化的魅力也就失去了。一位年过半百、开茶馆长达二三十年的香港茶人更告诉我，他反对任何打着"科学"的幌子来生产和测评茶叶的方式。中国茶最大的魅力，对他而言，是在于从生产到消费的每一个只可心传意会但却难以字字言明的细节韵味。在茶叶的教学中，他从不教他的徒弟使用标准审评杯等来对茶叶进行鉴赏，也从不用什么仪器进行检测，因为不能用"枯燥的量化方式牺牲茶叶的美"（这位茶人自己的话）。他顺便告诉我一则他自己的故事：每逢试茶，他一定细细品哑，一定要咽下去才知茶叶好坏。以至于有一天喝茶种类太多，伤害到胃，最后不得不去医院打点滴。从此之后，他对喝茶的量有所控制，但是依旧坚持以个人的身体感官体验作为衡量的第一法则。

一饼茶，到底是不是像卖家宣扬的那样来自古树而不是台地？有多古？是不是像包装纸上写的那样来自 A 茶山而不是 B 茶山？这恐怕是普洱茶最大的消费陷阱。对此，也一直有人在尝试以科学数据来帮助判断，并业已取得一定成效。比如，有的专家实验出了可以对一饼成茶的茶叶成分进行分析，可以相对准确地判断它的出身。还有更为成熟的是商家为产品设置跟踪式二维码，消费者通过检索至少可以知道所购品牌是否如实。类似方式，仿佛警察侦探一般，力求导引人们按图索骥，帮助有效鉴别普洱茶的真假好坏。不过，事实是，时至今日，这些尝试并没有能够在根本上改变普洱茶复杂而混乱的局面。就如同我认识的一位老茶客意味深长的评论："我倒不怀疑有专家的确可以发明鉴别真假的方法，不过你要明白，那些方法在实施的过程中，也是事在人为。真不真假不假，最后也不是仪器说了算，还是人说了算！"

也就是说，一方面人们总是在呼吁更有力的监管、更清晰的标准，但另一方面，每当一种标准浮出水面、试图将普洱茶的面目予以澄清的时候，总是有反对的声音或者反抗的力量站出来，把这种标准驳回去，欲将普洱茶拉回到原来模糊不清的面目。两股力量如此反复不断地博弈，而普洱茶也就这样持续地令人迷惑，难以被澄清。于是，问题的关键，不是人们有无办法去澄清普洱茶的身份和价值，而是普洱茶所置身的中国社会和文化里的人们，在本质上到底需不需要如此清晰的标准。

小结　文化纠结

2007 年春夏之交，云南普洱茶的形象和价格从较高点陡然跌落，其原因备受争议。之前促使它的价值一路攀升的力量，如地方支持、媒体宣传等，变成了其价值跌落之后被谴责的对象。中央媒体最先将这一滑坡事件予以宣告，并指出促使普洱茶市场消化不良的原因正是过度的炒作、不良的投资、盲目的热情以及无知的贪婪。然而，中央媒体的类似报道，被普洱茶的地方保护势力视为虚假报道，甚至是点燃普洱茶向下滑落的导火索。

更多的声音加入了对普洱茶现象的探讨。其中一种声音，谴责"过度"，反思"过犹不及"，力图将"太熟"的普洱茶拉回到中和的状态。这一想法的根源是中国儒家传统的"中庸之道"，倡导谦逊中和，不温不火。治国也好，烹饪也好，为人也好，中国人最讲求的是调和居中的状态。或者说，这是道家抱朴守拙的思想，只有不出头领先，甘当不显眼的人物，才有可能立足长久。

与"中庸"的传统理想相冲突的，正是第三章讲到的云南地方力量在 21 世纪初进行自我推介和表述的种种举动，还有人们在经济快速发展的社会转型期对财富的极大欲望。普洱茶价格的突然下滑，预示着对这些表述和欲望的致命一击。而表述和欲望的主体及利益人，面对外界对普洱茶的批评之声，觉得无法接纳，即便在普洱茶的"泡沫破了"之时，他们仍旧力挽狂澜，意欲保持对普洱茶的赞歌。

也有革新的声音站出来，指出普洱茶其实还"太生"，需要在监管、标准等方面进一步成熟。尤其有实际行动，试图为普洱茶揭开神秘的面纱，以科学的方法来制作、鉴别和监管。然而矛盾的是，又总有新的力量和话语出现，令"科学"行进艰难。于是，普洱茶持续着"生"的状态，模糊照旧。

　　这种种的争议，各种力量之间的博弈，在普洱茶 2007 年价格陡转之前存在，之后也存在，并一直往后延续。这些争议和博弈，折射着新旧文化在社会转型期的交织纠葛。围绕普洱茶存在的种种弊端，不只是一时的经济资本运转的问题，而是为中国社会和文化土壤的力量所深深形塑的结果。即便"泡沫破了"，问题却并未因此而得到解决。表述自我的渴望也好，积累财富的欲望也罢，都因为还没有找到良好的归宿而难以罢休。于是，普洱茶在各种声音的簇拥下继续摇摇晃晃前行，普洱茶价格的高低离奇又在后续的年岁中再次上演。过去的伤痛尚未抚平，面对新一轮的诱惑，又总是有人愿意上钩。总是有人在批评它"太熟"，也总是有人指责它"太生"，但是生与熟的界限，还是如同普洱茶的定义一样，莫衷一是。即便是最高标准"中庸"，也没有一个法定的标准。这是一种文化理想，也成了一种文化纠结。

第三部分

秋愁

第五章　以何为生

秋日愁绪

　　2007年9月初，我再次来到易武。一年之中普洱茶生产和贸易的第二个重要季节到了，秋茶正在开始被采摘和制作。吸取春天的教训，我及早打了电话给当地老乡，请帮忙预订住处。不过，等到达时才发现，情况并不像春天那么拥挤。旅店的主人正在院子里遛鸟，我是他们家今天唯一的房客。下午五六点钟光景，易武大街上颇为冷清，开店的人都显得比较懒散。春天里热闹的景象一去不返。

　　春天茶价的涨高固然令易武人捉摸不定，而秋天茶价的低落又再次出人意料：大树茶一公斤才不过100多元，和春天的400多元相去甚远；而春天100多元一公斤的台地茶，也降到了三四十元。虽然按照常理来说，秋茶的质量一向被认为及不上春茶，价格不能相比，来收茶的人也相对较少，但是按照当年春天发展的势头，秋茶即便不会高过春茶，但至少也应该达到春茶价格的一半或三分之二。更何况往年，也常有人因为喜欢秋茶的性价比而愿意前来多多收购。

2007 年时，有线和无线网络在易武尚未健全，全乡能通过拨号上网的地方顶多不过三四家，且速度极慢。更多的消息传播，还在依靠传统的电视、报纸，还有很重要的，人际口头传播。从 8 月底开始，易武的不少做茶人家就亲自去往景洪、昆明等地，探看外面的市场。回来以后个个摇头叹气，忧心忡忡。被带回来的共同信息是：普洱茶市场正在极度缩水。

我在易武大街上遇到关大爷，他忧心忡忡地问我："你说易武的茶价会不会降到和从前那样不值钱？"他所指的，是 20 世纪 50 年代到 80 年代易武毛茶每公斤才卖到五块多或者十块多的时候。乍一听，这个问题似乎很荒唐，因为五块、十块，跟一百多、几百多元相比，显然天差地别。茶叶卖到五块钱一公斤的时候，易武人还没有吃饱穿暖；那时即便是在城市，和茶有关的文化不是无人问津，就是被当作不良的小资倾向而被抑制。如果回到那样的年代，岂不意味着关于普洱茶、关于经济文化的整套价值观和人的生存状况，都要回转到过去的那种境况吗？

我和关大爷一边聊，一边走进他家的小院。这是一幢两层楼的混凝土楼房，二楼的围栏有仿古的雕花修饰，在今天的易武算得上数一数二的好房子。它建造不久，据说花了将近 25 万元。而近半个世纪以来，关大爷家的房子已经变了几番模样。20 世纪 50 到 70 年代，他家的房子简陋如草棚；1987 年，他盖了一间瓦房；1992 年，他花 5 万元在易武大街盖了一幢简单的混凝土房；2005 年他花 18 万元新建砖房，把前一幢沿街的房子开成旅舍；再前不久，他卖掉砖房，在此处建成这座更加豪华的房屋。院中间停着一辆轿车，价值 13 万。对于可以拥有今天这一切变化的易武家庭来说，大部分靠的都是近几年普洱茶的崛起。可以说，易武每个角落的变化，都和普洱茶有着最直接最密切的关系。茶叶形塑了易武人的生产、生活的点点滴滴，牵一发而动全身。当把自己也想象成一个易武人来思考的时候，我不再觉得关大爷的问题是荒唐的了。

《孟子》中讲"食色性也"，意思是说人之为人，对食和色的追求是再自然不过的。然而历史证明，这种自然的需要，在特殊的情况下也会被扭曲。在《饕餮之欲：中国当代的食与色》一书中，冯珠娣（Farquhar，2002）讨论了《白毛女》《芙蓉镇》和《美食家》这三部中篇小说所反映的中国人在不同政治环境下所持有的不同的饮食及性的观念。冯珠娣就此提醒人们，"食色性也"不是绝对的，而是必须结合一定的时代背景细细考量。例如 20 世纪 50 到 70 年代，政治斗争高于一切，不少消费行为都被禁绝和鄙弃为"罪恶的资本主义"。在那种状况下，很难说食和色还被认为是人理所当然需要的东西。将改革开放前后的情形两相对比，冯珠娣指出，现在风靡中国的奢侈消费之风，其实标志着对过去那个年代的记忆和弥补。作为一名中医的实践者兼人类学家，冯珠娣借鉴中医之有机整体观，将诊断一个人身体病症的原理，移用到诊断一个国家问题所在的方法上：一个人身体的某个器官生了病，并不一定是这个器官本身有问题，而需要联系整个身体状况，从另外一个器官找到症结所在；同样地，一个国家的当下出现了某种状况，问题的症结不只源于现在，而应当结合过去来考察。因此，现在消费中的"多余"，很大程度上是源于过去的"不足"。

她之联系过去以解释现状的方法原理，对本章有关普洱茶的分析也有着极大的启发。如我下面将展现的，易武当地人关于普洱茶的态度和价值，包括现在已经普遍接受的"越陈越香"概念，其实并非历来如此，而是在前后两个时期之间发生了巨大的改变，并使一两代人的生活因这种无常的变化而历经阵痛。所以，像"食"和"性"应当被结合具体情境来再度思考一样，普洱茶在易武的价值变迁，以及其对当地生活和生产方式所带来的影响，也应该"审时度势，就不同地方、不同时间和不同人的特性而加以考察"（Farquhar，2002：108）。所以，关大爷具有代表性的疑问，不应当只被看作是人们因 2007 年普洱茶市场滑坡才具有的焦虑；其更深层次的原因应当被放到历史的时间线上去找寻。就像奥特纳（Ortner，2006：11）指出的，"历史并不只关于过去，也并不只关于变化。它代表一种持续力、一种在经历长时间后依然被持续的记忆"。

从国有到私有

关大爷所说的茶叶价格极低的时候，是易武的私人茶叶经营被收归国有、茶叶成为国家统购统销的物资的时代。对于这个时期，当地人很少主动谈起，与他们说起清末民初易武私人茶庄繁盛时的兴奋及自豪形成了鲜明对比。这给人一种错觉，以为茶叶国有化的那段时间在他们的心里已经被淡忘。但当茶价突降、人们深表忧虑时，我才发觉，那段经历其实还在他们某一辈人的心里印记深刻，而且和之前清末民初的辉煌一起，被人们作为心里掂量今天乃至未来易武茶事发展的重要尺规。文化和历史记忆使人们看到，普洱茶的价值在过去的年代里，已经无常地晃动过多次；这些晃动常常为一定政治经济状况下的茶叶政策所直接左右，其波及力之广，往往触一发而动全身，使一个小山乡的农业经济，在许多方面都随之而跌宕起伏。这也促使我在田野调查中，不再只是请当地人讲述六大茶山普洱茶事业辉煌所带来的甘甜回味，而是也请他们专门追述了茶业不景气年代所带来的苦涩酸楚。以下为结合访谈及资料整理的几个阶段的概述（亦可对照参见云南茶叶进出口公司，1993；Etherington and Forster，1993）。

首先，从 20 世纪 50 到 80 年代期间，全国的粮食和其他物资供应不足，在易武，茶叶生产以粮食生产发展为前提，"以粮为纲"成为贯穿此间的主线。

易武位于山区，平均海拔 1300 米，适于茶树生长。传统上，大多高地都用于种茶，少数平坝地区才用于种稻、豆和玉米。但在"以粮为纲"期间，许多田地，不论海拔高低，大都被用于开垦种粮。在关大爷及其同龄人的记忆中，尤其 50 到 70 年代，易武三分之一的人是"缺粮户"，许多得依靠杂粮和特别津贴才能生活；据关大爷回忆，60 年代初经济困难时期，每家一半的粮食上交之后，家里余粮不够，许多人家就得到山里挖野菜和芋头才能充饥。粮食生产尽管当时被列为头等大事，但却发展缓慢。对比今天，当地人往往将此归咎于那时调动不了人们工作积极性的集体生产制度和相对低下的劳动生产技术。

同时期的茶叶生产也发展缓慢。当粮食相当紧缺时，许多茶树被砍掉改种粮食（张毅，2006a）。加之茶叶廉价，做茶所得"顶多够买盐巴和辣椒"（当地人语），因此人们种茶的积极性也不高。

其次，尽管这一阶段总的来讲粮食生产才是"纲"，但茶叶生产也曾经在某几个时期被鼓励发展。这包括：

1958 年"大跃进"时期，茶叶生产被认为应当大力推进。但据当地老人回忆，那时因为盲目重视单产数量，许多茶树上的茶叶被一把拔光，实质上影响了茶园的后续发展。

1974 年召开的全国茶叶会议提出了增加茶园面积的要求。但当时正值"文革"期间，政治斗争之重要性超过其他一切，茶业发展最终名不副实。

"文革"之后，中国从 20 世纪 70 年代末 80 年代初开始了"改革开放"，新的茶园种植及茶叶销售方式被带到了易武。那时粮食问题逐步得到解决，政府于是开始鼓励当地发展茶业。从 70 年代末起，茶园从集体所有划归个人所有，茶叶购销体制逐渐放开，个人对流通买卖有了更大的自主权。茶叶种植方式上发生了一个较大的变化，其所带来的影响不仅限于当时，更波及到了今天普洱茶的等级分类和价格差别。

在此之前，易武的茶树，或人工栽培，或野生，都成不规则的散状生长，茶树与茶树之间间距较大，站在高处看，一棵棵茶树显得星星点点,当地人称之为"满天星"(图5.1)。这些茶树大都位于树林间,与山林的整体生态相依相存,靠天吃饭。人们任其自然生长,不修剪也不额外施肥。

表5.1 散状分布的茶树,俗称"满天星"

70年代末80年代初,一批新茶籽茶苗从外面(主要是云南下属的临沧和思茅两地)引进,在易武大面积种植,开始采用梯田台地状成行成排的规则种植方法,茶树与茶树之间距离变窄。这样的种植方式,在当时被普遍认为是科学方式而加以大力推广。许多易武人都记得,当时的易武副乡长张毅还为此带领了一群干部,到其他台地茶已经普遍推广的地方如勐海去学习这一方法。之后不久,易武的台地植茶方式就全面展开了。

因为种得密集，这些新茶园需要按期修剪、施肥和喷洒农药。由于树龄小、管理勤，所以新茶发育较快，采摘所得的茶，芽叶新鲜嫩绿，被认为是当时制作绿茶的高等级茶料。老茶园同时也还在采摘，但产量低，采来的芽叶相对较老，被认为是不高的等级。为提高老茶园的产量，官方还倡导了矮化运动，从高出地面约半米到一米的位置处将老茶树砍断，留下的树干不久后又能发出芽叶，生长速度提高。

再次，茶叶国有化的时期，普洱茶在当地人的心目中并不重要，而且对比今天，其概念显得相当含混不清。

第一章讲过，那时易武其实成了国营茶厂的原料供应地，只从事茶叶的粗加工。当我今天问当地人，那个时期生不生产普洱茶，他们的回答都显得模棱两可。大多数人说，那不是普洱茶，而是毛茶，或者再确切一点，是晒青毛茶。这种晒青毛茶，在当时的易武，已经是茶叶生产的最后形态，至于它后来再被用作什么茶的原料，易武人已经不关心了。但今天，这样的原料理所当然地被外地人和当地人称作普洱散茶，被视作普洱茶的某一种。更重要的对比是，这样的晒青毛茶，当时在易武人的手里是绝对不会被存留太长时间的，至多两年。也就是说，当地人以前并不喝老茶，也不知道这样的茶可以"越陈越香"。但是今天，无论是这种散装的毛茶，还是用毛茶压成的饼茶，都被人们接受为"可以喝的古董"了。当地人说，这样的观念都是从台湾人来到这里以后慢慢被改变过来的。

再其次，从 20 世纪 50 到 90 年代，再到 21 世纪初，茶叶的价格在易武经历了相当大的变化。如表 5.1 所示，在前面约十年的时间里，毛茶价格从每公斤 0.02 元（1950 年）才涨到 1.00 元（1959 年），然后经过将近三十年的时间才上升到 10.00 元（1992 年）。2007 年西双版纳州质量技术监督局的许局长向我回忆，1992 年时他遇到一位来自香港的茶商。这位茶商向他抱怨说，西双版纳的茶园管理太差了，茶农太"懒"，有好的茶叶资源却不好好劳作，太可惜了。这段记忆证实，从 20 世纪 90 年代开始，外面已经开始注意到普洱茶的潜在价值，并有香港商人来到了西双版纳开始收茶；然而当时在西双版纳，普洱茶的价值还并未为当地人所意识到。从今天的眼光来看，那位商人所认为的"懒"兴许是出于他对当地劳作方式的一种偏见，然而从中可以折射出的事实是，那时茶还不值钱，不能吸引当地人辛勤劳作。

表 5.1 易武茶叶价格变化（1950—2007）

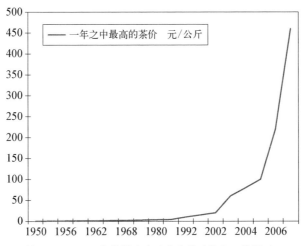

注：1950—1990 年数据来自云南省茶叶进出口公司（1993：69 - 71），之后数据来自作者的田野调查

　　时隔十多年之后，在西双版纳、在易武，情况已经恰恰相反，并且走向了另一个极端。普洱茶价值升高、易武重现繁荣景象之后，令人担心的不再是当地人的"懒"，恐怕反而是过于勤劳而导致的茶园过度开采了。当 2007 年春天茶价高涨时，我目睹了当地人在茶园里辛勤劳作的景象。台地茶整齐排列，采茶人稍稍弯腰就可采到，大树茶却多长在高山深涧，太高的还得搭个木梯爬上去才能采到。但这样的采茶队伍中，年过半百的老人时时可见。如果你为他们的安全担心，他们会告诉你，这么辛苦是值得的，因为这样的大树茶已经卖到 400 多元一公斤了！按照当地人的盘算，一般每天采的鲜叶量够做两公斤干毛茶，一天就可赚 800 元左右，这样四个月的劳作就可以解决一家四口一年的吃饭问题，而且通常能有盈余，便可再用于盖房子等。

"吃什么饭？"

　　易武老街和新街中间，有一个农贸市场，每天清晨七到八点热闹非常。在这里我时常碰到来买菜的郑老师。2007 年时，郑老师家和大多易武人家一样还没有冰箱，因此他每天都得来此采购当日所需。其实在他们家 2005 年开始做茶之前，郑老师到市场来买菜相对较少，因为那时家里还养猪养鸡种菜，总体可以自给自足。做茶以后，茶事占去了家里人许多精力和时间，加之后来 QS 规定做茶空间不得与家畜、做饭等同处一个屋檐下，郑家便从此不再养猪养鸡，只留得一小片蔬菜地，而大部分家用就得到市场去购买。郑家原来和大多易武人家一样自制酱油和豆豉，这是石屏祖先留下来的一个传统。但是做茶以后郑老师把这个项目也砍掉了，因为做酱油的屋子气味浓重，而茶叶是极容易吸味的。但是郑大妈舍不下这项传统，只能和几个老姐妹相约到没有做茶的某一家，一次集中做上一批酱油存下来。

做茶成为头等大事，并且帮助易武人不断改善生活条件。待在这里的春天和秋天，我参加了当地无数的"杀猪饭"家宴。顾名思义，猪肉是一桌酒席上的主菜，被用来做成各式菜肴：红烧肉、白参蒸肉（白参为一种菌类）、酸笋炒肉、豆腐肉丸、炒猪肝……因为许多人家都已不再养猪，猪肉就要向市场订购。某一家吃"杀猪饭"的当天，街坊邻居都来这家帮忙杀猪、做菜，院子里一摆，最少可坐十桌客人。现在一年之中吃"杀猪饭"的理由很多：过节了、结婚了、来客人了、高兴了……只要愿意，一家人一年之中可以摆很多次"杀猪饭"的宴席。然后像城里人一样，人们吃了酒席，就去喝茶解腻。饱足和富裕似乎可以令人以为这一切是理所当然的，不过，吃"杀猪饭"的间隙我还是偶尔会听到几个老人忆旧，说他们以前生活穷困时，一年到头吃不上多少猪肉，不要说平时，就算过节也常常捉襟见肘。

在丰盛的"杀猪饭"餐桌上，我注意到有时会有一个临时添加进来的大口缸，里面泡了大片大片的茶叶，俗称"老黄片"，当地人喜欢用它来泡饭吃。"老黄片"粗老而黄，在制茶的拣梗环节，是要被挑出来丢掉的最差等级的原料。但是在过去经济条件差的时候，当地人卖掉较好等级的茶料后，就会留下不值钱的"老黄片"自己喝。"老黄片"虽然等级最低，但是泡出来却甘甜全无涩苦，虽然茶水浓度不够，但是用来泡饭却十分相宜，再配上本地自制的豆豉，便成了粗茶淡饭的美味。在今天琳琅丰盛的饭桌上，"老黄片"成为一个保留项目，一方面，它和众多以猪肉烩制而成的精美菜肴比起来，似乎显得十分寒碜；但另一方面，它的存在又可以助人去油解腻、忆苦思甜、保留传统（图5.2）。

图5.2　婚宴桌上的餐食，口缸里泡的即"老黄片"

但是，用"老黄片"茶汤来浸泡米饭的米，却已经不是易武人自己生产的了。实际上，在短短几年间，大部分人家的田地已经改为茶地或者丢荒不用，粮食都买自外地，比如从勐海等平坝地区拉来。在我挨家挨户走访的易武中心区一个有 23 户的自然村，到 2007 年秋天，这里仅有两户还有耕牛，还在种地。

所有这些变化都发生在近年普洱茶市场兴旺发达的时候。如果普洱茶贸易稳定，那么一切生活来源的变化照此继续下去，当地人也将习以为常。可是，2007 年春夏之间，普洱茶的风波出乎意料地发生了。过去和近年生活给养方面的迥然变化，在普洱茶价格转折的时刻被某些当地人追忆联系起来，一下子变成了种种危险的信号。过去像一面镜子，映照着现在，昭示着未来。

2007 年普洱茶价格的变化，被当地人用于与其他食品价格的波动相比较。粮食的价格相对恒定，因为在国内它以官方定价为主。但易武蔬菜和肉类的价格在近两年里却翻了两倍。2007 年的春天，如果谁在易武埋怨吃的用的太贵，买卖人会说，那是因为当地的茶叶涨价了，所以其他东西也要跟着涨。可是，当茶价于同年秋天下滑厉害的时候，蔬菜和肉类的价格却坚挺不跌。尤其猪肉，其价格还呈不断升高的态势，这使易武人觉得后悔，埋怨自己怎么没有多养猪。不过他们也明白，当初茶价那么高，大家根本没有闲暇去养猪，加之 QS 也不允许。而且一旦养了猪，同时就意味着还得种苞谷（当地人用苞谷喂猪）。但现实是，山上许多原来种苞谷的地，都已经变成了茶地。

面对秋季茶业的困境，一些易武做茶人觉得必须另谋生路。我看见有一两家原先做茶的，暂时停了做茶，准备参加开矿。易武有铅锌矿，去的人说，要通过开矿把套死在茶叶里的那些钱赢回来。还有相当多的人开始种橡胶。本来，当地人都明白，橡胶要栽在海拔低于 1000 米的平坝地区才长得好，而易武是个高山地带，平均海拔 1300 米，不适宜种橡胶。但因为迫于生计，许多人把橡胶种到了高处。这些转向的人说，种茶叶之前倒是好，但太不稳定了，橡胶利润看来一直都好，而且哪怕打仗都需要。

"以粮为纲"的年代虽然已过去许久，但这个思想还牢牢嵌在一两代人的心中。面对普洱茶市场的停滞，好多人家在琢磨，要不要把丢掉的田地再重新拾回来。何老是这么说了之后马上行动的人。在离他家住房不足半公里、已经被荒废三年的田地处，他再次挥起了锄头。即便他并没有真的完全放弃做茶，但是种点粮食，仿佛可以给他带来诸多安慰和信心。粮食并不只是对中国人才重要，但在中国文化里，它以一种无处不在的方式随时提醒人们关于它的重要性。中国人把当兵叫作"吃粮"，混得好叫作"吃得开"（王学泰，2006：2），把谋生叫作"讨口饭吃"，把做什么工作问为"吃什么饭"，相互见面时最常用的寒暄语是"您吃饭了吗"，等等。何老历经世事，粮食的重要在他的心里本来就沉甸甸，而茶事的变迁，又使他在反复掂量之后感觉难以捉摸。虽然他并没有就此放弃做茶（见第六章），但重新种地的行动无疑表明了一种态度：存最好的希望，做最坏的准备。

虽然普洱茶、尤其是大树普洱茶的价格在之后几年有所回升，这给当地许多做茶人重新注入足够的信心，但像 2007 年春天那样茶叶价格离奇高涨和吸引大众投资的现象却一去不返。

2007 年秋天茶价滑坡引起的恐慌虽然也只是暂时的一个片段，但这一震撼足以说明普洱茶价值的无常变化在某个时空里所激起的历史回响。

大树茶还是台地茶？

改革开放以后，影响和主导易武茶业的，从官方政策变成了外界商业需求。特别是从 20 世纪 90 年代中后期开始来自台湾、香港、广东等地的消费需求，日渐改变并塑造着易武普洱茶新的生产和贸易方式。从表 5.2 可以看出，易武的茶叶价格从 20 世纪 90 年代末开始明显增长。同时引人关注的是，从 2004 年开始分出了大树茶和台地茶两种等级的茶叶价格：大树茶的价

表 5.2　易武大树茶和台地茶价格变化（1995—2007）

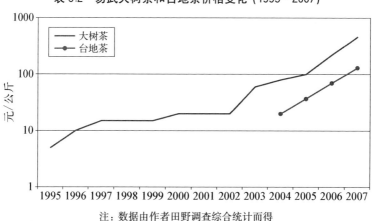

注：数据由作者田野调查综合统计而得

格明显高出台地茶许多倍。到 2007 年春，大树茶一公斤 450 元上下的时候，台地茶仅为 100 元左右。

究其源头，易武人都说，这样的差别一开始是由台湾人带来的。以前易武的大树茶和台地茶基本一个价。而且台地茶因为生长快、采摘方便、芽叶细嫩，更符合当时"科学"的制茶和收购标准，所以价格比大树茶贵。但台湾人来了之后，大树茶的价值反而得到了肯定，其中的道理是随着普洱老茶在港台被推崇的现象而产生的：台湾客人带来的陈年老茶源自易武，而"同庆号"等老商号制作茶叶的时代，新式台地茶园尚未出世，所以大树茶被认定为陈年老茶的制作原料；如果想使现在出炉的新茶，有朝一日变成同样优秀的老茶，就必须模仿古人制茶的方法，包括采用古人当时做茶的用料即大树茶原料；而且新的台地茶园种植密集，免不了施肥洒农药，而大树茶长在密林间，间距大、养分好，才是"原汁、原味、原生态"的理想原料。这样的观念，在普洱茶升温的过程中，逐渐被发展成了一套对所谓精品普洱茶的严选标准。

不过，历史之复杂，还在于另一插曲：台湾人还没有来易武探访的十多年前，也就是 20 世纪 70 年代末 80 年代初的时候，易武像云南其他产茶地一样，曾经历过开垦新的台地茶园，同时将老的大茶树进行矮化的运动。其做法是将大茶树砍矮，有的才及腰身，不久后茶叶又会从树杈处再度生发。其目的是为了"科学"管理茶园，方便采摘，提高产量，"赶上"新式台地茶。然而等到了 21 世纪初，更能卖到高价的却是大树茶，特别是未经矮化、不常修剪的大树茶。于是，回想起矮化那个时段，当地人，比如像关大爷，往往感叹说："谁知道呢！如果早知道是今天这样，我以前不要种那么多台地茶，也不要砍矮老茶树就好了！"根据今天的标准，当年带领大家学习"科学"种植台地茶和进行大树矮化的张毅先生等人，便成为被责备的对象，虽然大家同时又不得不承认，他是 20 世纪 90 年代以来易武普洱茶手工传统制作和私人茶庄兴起的先锋人物。

不论"科学"还是"传统"，其界定都曾几度变迁。大树茶和台地茶孰好孰坏，并非亘古不变。下面有两个案例。

在易武，当年响应政府号召、矮化大树茶比较多的是靠近乡政府所在的地区，这一带以汉族为主；而矮化较少，甚至没有矮化的是离易武中心区相对较远的地方，居住着香堂人（官方识别为彝族）、傣、瑶、哈尼、基诺和布朗族。未矮化的大树茶如今被充分肯定，汉人们于是常带着一种半褒半贬的口气自我评价说："汉人更听话、更勤快。"与此相对应地，他们认为某些地方矮化少，是因为那里的人懒、不听话，但今天却反而更幸运。

但其实许多非汉族，如哈尼、布朗族人，都是云南较早的种茶植茶者。长期以来，茶树被他们奉为衣食父母和神圣之物。例如，哈尼族认为，茶树茶枝轻易不可以砍伤破坏（Xu，2007）。所以当听说易武周边少数民族居住区矮化茶树较少时，我曾想是不是出于什么禁忌。后来我去了高山，易武下面一个以香堂人为主的村子。这里的人说他们以前并没有不准砍茶树的禁忌，当然他们也绝不自视为懒惰，而是将当时没有矮化茶树的行为解释为"以前不重视"。高山距离易武中心约 13 公里，当 2007 年春天易武中心地区较好的大树茶卖到 400 元上下时，高山的大树茶已经卖到了 450 元左右。在易武中心，我也时常看到高山人亲自背茶来挨家挨户地兜售。当然，许多人说背来的茶很值得仔细检查，因为背茶的人虽是高山的，但他背上的茶却可能是其他地方的。暂不论茶的真假，但眼见为实的是，如今的高山人并不懒惰，也绝不落后，而是跟汉人一样都在为普洱茶辛勤奔劳。与其说他们当初的不矮化是出于懒惰和落后，还不如说是因为那时候茶叶根本不值钱。不管什么原因，总之今天轮到为当初的勤劳和"听话"而后悔的，却是汉族人了。

在下面另一个案例中，因茶树而起的悔恨与复杂情感，与生命有关。

胡老人家的大树茶园在易武很有名，因为当初矮化得"不彻底"。有一天我随胡老人去看他的茶园。从易武中心步行约半小时，经过一片田埂，爬过一段山坡以后，我们来到一片树林。大森林是最理想的天穹，浓密高大的树木之间生长着各种植物。大茶树散布其间，东一棵西一棵，稍不注意便会与其他的树种混同起来，果然生态良好。其中一棵树干粗壮的茶树，立在陡峭的斜坡上，采茶的难度可想而知。从低处的主干分枝部位可以看出，它是被矮化过后又继续生长的。但它现在树冠浓密、主干粗实，显然是这一片树林里的茶树王。胡老人告诉我，这棵树因为树形独特、枝繁叶茂，曾经被有的书籍和杂志介绍过，据一位来过此地的韩国茶叶专家说，它应该有 500 岁了。

胡老人从祖先继承来这一大片茶园。这些地在 20 世纪 50 至 70 年代被收归国有，不过仍是胡家的人在此劳作。20 世纪 70 年代后期，这块山头的使用权重新划归胡家。20 世纪 80 年代早期易武一代倡导矮化运动时，"茶树王"及附近的茶树也未能幸免。胡老人回忆说，他当时也觉得矮化后采茶比较方便，不过他矮化茶树的程度比较小，砍得少，有许多茶树他干脆没有动，因为觉得长一棵茶树很不容易。

胡老人共有四男四女。除一男早死、一女嫁到了远离易武的地方之外，其他孩子现在都在易武，以茶为生。围绕"茶树王"的这一片大树茶园，大部分给了最小的儿子胡八。与胡八的茶树相邻的是一片台地茶园，其现在的主人是胡老人的第三个儿子胡三。看得出胡三正在对这一片台地茶园进行改造，改变密集度，拉宽茶树与茶树之间的距离，整片茶园正呈现出一种不规则布局的趋势，仿佛要追赶胡八的大树茶园的模样。不过细看树干和树冠就知道，它们还是台地茶，年纪尚轻。

看到这样的分配时，我曾暗想，是不是老人家更偏爱最小的孩子，所以把最好的大树茶园分给了胡八。如果一碗水端不平，会不会引起家庭纠纷呢？当我与胡家有了更多接触后，才知道原来胡八得到大树茶园纯属偶然。胡老人分茶地时，胡八在外面工作，留在易武的胡三得到了选地的优先权。当时台地茶正在"科学"倡导之下，比大树茶园更"先进"、更方便管理。于是胡三先选择了台地茶园，而把大树茶园留给了胡八。

时光一转，胡八从不幸变成了万幸。由于这片大树茶园质量优秀，他每年的收成被一位来自韩国的女茶商包下。即便普洱茶价格滑了坡，这笔买卖仍旧牢固地维系着。有了这么稳定的客户，胡八根本不用发愁。

更为震惊我的故事来自胡八媳妇的告知：胡八仅有七八岁的

时候，他的母亲上山采茶。有一次采到那棵又高又壮的"茶树王"时，她爬树不小心摔了下来，不久就死了。那时距离矮化运动还有两年时间。

因采摘大树茶而跌落、受伤，这样的事情在同时期的易武发生过多起，其实到今天也未能杜绝。所以可以想见，当矮化大茶树的号召一下，许多人即刻拥护，并且认为爬树采茶太危险、不值得。然而今天，虽然同样的采茶危险依旧存在，却总有人愿意为之冒险并且认为价有所值了。

胡八的"幸运"和他母亲的"不幸"，折射出易武人围绕大树茶的种种复杂的感情。老茶树是祖先留下的遗产，但在 20 世纪七八十年代，它被当时的"科学"嘲笑为落后的形态；而从90 年代开始至今，它又被更新的"科学"视作天然、生态和正宗的代名词。人们关于普洱茶的观念及与其相关的生计，就这样被不同时代的需求所矛盾牵引，爱恨曲折。

习得的滋味

和大树茶及台地茶前后价值的曲折变化相并行的，是当地人对于新茶和老茶的概念以及口味习惯的前后反差。就像人们现在一口咬定大树茶比台地茶更优良一样，他们也声称储藏过一段时间的老茶比新茶更有价值。不过有趣的是，以老为贵的说法是伴随着易武做茶传统的复苏才开始的，而易武人手中之前并未存过什么老茶。由于手中的茶都还算不上老，也因为做茶的过程中需要尝试鉴别新茶，因此易武人在每日生活中喝得较多的，还是偏新的茶。讲到新茶老茶的价值之别，当地人往往苦笑着自嘲说，"做茶的人不存茶"！

知道普洱茶可以存，可以"越陈越香"，也是台湾人来到易武后的事。据张毅先生说，他在易武较早开始了与台湾人的合作，1995 到 1999 年间，易武私人做茶的主要就是他一家；到 2002 年，其他易武人家也闻风而动，开始了与来自台湾、香港等地商人的合作；到 2004 年，易武做茶的人家达到二十多家；到 2007 年时，已经到五十家以上了，而前来收茶的已经扩展到中国其他各省市，甚至世界各地。

关于如何泡茶、饮茶，易武人也说较早是台湾人教给他们的。易武人原先泡茶最常用的是搪瓷大口缸，再不就是稍小的玻璃杯。而小茶壶、公道杯、小茶碗的使用，据说最先都是受来收茶的台湾人的影响。第一章中提到的在 20 世纪 90 年代参与接待过第一批台湾客人的赵书记告诉我，是台湾人最早告诉他，茶要用小杯"慢慢品"，而不是大口大口喝。

台湾人对易武茶业发展的影响处处可见。一讲起台湾人，哪怕是只负责家务事的老大妈们，也时常把称赞的话挂在嘴边，她们在闲聊时会说："感谢台湾人，要是没有他们，我们今天的日子不会这么好过。"当然，事情都有两面性。待在易武时间长了，我也逐渐听闻当地易武人与某些台湾收茶人之间的恩恩怨怨、买卖纠葛。

我于 2007 年在易武、2009 和 2014 年在台湾，访问了吕先生——1994 年带队前来易武的台湾茶谊联合会会长。他承认自己这一批人对易武茶的喜爱和需求的确给易武带来了诸多变化，包括大树茶价值的改变。当然，有些变化是他始料未及的，比如近年普洱茶价格的大起大伏。第一次和吕先生谈起这些话题是 2007 年秋天，我们正坐在当地的郑老师家中。热情的郑老师和他的儿子郑大拿出他们家刚刚收来的生茶招待我们。喝完这个生茶，吕先生决定请我们喝两种老茶。他拿出自己随身携带的紫砂壶，亲自动手泡茶。这样的茶，郑老师一家和我还未喝

图 5.3 新加坡商店里售卖的"红印"

过，一个是勐海茶厂 1975 年出品的首批 7572，轻度人工渥堆发酵；另一个是勐海茶厂 20 世纪 50 年代出产的"红印"，因茶饼外包装纸整体呈红色而得名（图 5.3），属于自然发酵的老生茶。两个茶都是从云南卖到香港，后又从香港转卖到台湾。出产这两种茶时，易武正作为勐海茶厂的原料供应地。普洱茶圈内人士普遍认为，红印的原料主要出自易武。

它们和郑老师家经常喝的生茶迥然不同。首批 7572 的发酵属于熟茶，气味和易武生茶显然是两个走向。如果说云南生产并存放的人工渥堆熟茶通常会被形容为有"土味"，那么眼前这个 7572 却是香港仓特有的强烈药香味了。这样的药香味在"红印"那里也相当明显，虽说它是自然发酵，但与易武当年新茶的晒青"阳光味"或者才存放了几年的生茶的"梅子香味"也

大相径庭。而咽下一口"红印"时，我觉得有一种米汤般的感觉，只不过这米汤比一般真正的米汤还显细润。两种茶的汤色都极显"红浓明亮"，如同普洱茶书里经常形容的珍贵的老茶一般。而易武的新茶，却大都是浅黄色的。

郑老师和郑大认真地喝，话不多，夸奖茶汤红得漂亮。郑老师的妻子郑大妈坐在一旁观望。和当地的许多妇女一样，她每日忙于准备三餐，处理杂务，为丈夫和儿子做茶提供重要的支援。因为肠胃不好，她平日不怎么喝茶，加之吕先生泡茶时已是晚上，她完全没有要参与进来的意思。但吕先生劝她喝一杯，说毕竟这样的茶和易武现有的不一样，而且这样的老茶并不伤胃，也绝不会令她失眠。盛情难却，郑大妈喝了两小茶碗。她什么评价也没有给，并且在完成这两碗之后坚决推辞、不再继续。

吕先生几乎每年必来易武，我问原因。他叹口气说，不能不来，因为总希望从这里找到好的新茶，期待它有一天变得跟老的"同庆""宋聘""红印"一样好。这些有名的老茶，他基本都喝过，而且为寻找真正的老茶花钱不少；他说，那种喝到好的老茶的感觉，实在是妙不可言，但可惜这样的老茶现在喝一点少一点了！

如第一章所述，"同庆""宋聘"等古董级老普洱茶，产于清末民初，即19世纪末到20世纪初，多出自易武有名有姓的商号，故此也称"号级茶"。"红印"和首批7572等则是中华人民共和国成立即1949年之后的产品，多产自勐海茶厂，原料中有的含六大茶山一带茶的成分，又称"印级茶"（邓时海、耿建兴，2005）。吕先生说，这样一片"红印"（重357克），在2000年以前卖价通常是几千元人民币，2007年时已经变成85 000元人民币左右了。尽管如此昂贵，吕先生还是大方地掰下几泡老茶，说留给郑家父子过后自己再喝喝看。

几天之后，我再次来到郑家。吕先生留下的老茶放在桌上没动。当再次谈及这两种老茶的滋味时，郑老师似乎没有多少可讲。喝这样的老茶，他看来没有多少兴趣，尽管它们有的原料出自易武，尽管它们其实正是带动整个易武再度积极生产普洱茶的动因！他每天必喝茶，而这些茶总体偏新。

吕先生和郑老师所代表的正是普洱茶品饮里的两种口味，一种喜喝新茶，这在产茶地尤为明显；一种喜喝老茶，这在台湾、香港和广东等地收藏家身上可以体现。老茶的价值在港台飙升后，产茶地的人也开始后悔自己过去没有存茶。然而一个不可否认的事实是，易武人世代以来一直喝的是新茶，即当下定义中的生普洱。这样的习惯在台湾等地的茶商到来之后正在逐渐发生变化，"越陈越香"的观念正在被接受。可是当遇到品尝真正的老茶的机会来临时，它却与一种当地长期以来所形成的对新茶依赖的口味习惯发生了冲突。

郑老师的儿子，一个2007年时三十多岁的年轻人，却在随后的几天中表现出对老茶愈来愈多的兴趣。和吕先生一起喝茶时，他也没有太多的评价。但几个星期以后的一天，我却看到他邀约了几个人，在家中饶有兴趣地泡喝老茶，好像在努力尝试要把它们喝懂。他的父亲郑老师，虽然没有加入这一再次尝试的行列，却并不犹豫地在自家的茶包装上特别注明："越陈越香"。

　　2009 年 7 月，我因参加会议去到台北，有一次和几个当地的年轻人一起喝茶。当他们听我说云南产茶地的人以前没有存放普洱茶和喝老茶的习惯时，都哈哈大笑。这几个年轻人，从他们接触普洱茶的时候起（约有五年的时间），就被灌输了普洱茶要放旧才好的理念。他们认为这样的方式理所当然，就像"食色性也"应该自古如此，而产茶地的人以前居然不懂这个道理，真是可笑。

小结　历史记忆

　　易武普洱茶价值及意义的变迁，是云南整个产茶区近半个世纪以来普洱茶产业高低起伏的缩影。本章以 2007 年普洱茶市场滑坡之后易武人的焦愁为由头，回述易武茶业从计划经济以来的兴衰，展现了当地农业经济因茶叶沉浮而进退相依的关系。兴盛过也衰落过的易武，在以台湾人为首的外来者对普洱茶的需求下，再度复兴。伴随复兴而来的，是一系列由台湾人伊始、由其他外来者及当地人共同发展出来的普洱茶价值的新标准。这些新标准，在帮助改变和提高易武人生活水平的同时，也是以变更易武人生活习惯和传统观念为代价的。就如江湖没有固定的规则一样，就如"食"和"色"不是一成不变的自然一样，普洱茶的价值和形象变迁，也来来去去没有定则。悔恨和焦愁，源于对过去的历史记忆，也源于对未来的不确定和不自信。

于是，在新的市场经济年代，一个小山乡的茶叶经济一方面铭刻着计划经济年代茶叶政策的印记，另一方面又深受外来商业需求的牵引，因市场消长而或喜或忧；一方面得适应新型生产规则、跟上"科学"和"现代化"，另一方面还得调适本土习惯、习得新的口味。多重规则存在，各重规则往复来去，但可能没有一条规则是唯一不变的真理。与普洱茶有关的价值及规则的变迁所折射出来的，恰恰是与其有关的人在这一历史过程里或喜或悲、或焦虑或憧憬的心态历程及生活故事。

第六章　转化之韵

中国式的"化"

2007年5月末离开易武时，我留下一包衣物，暂存当地人家。同年9月来到，打开包裹，一股湿霉的气息迎面而来。人都说易武夏季雨水多，东西存放不当，极易受潮，如今果然证实了。我开始担心同样的情况是否也在影响储存的茶叶。等去到一些人家喝了他们当年春天之后随手摆放在客厅的散茶时，我才真正大吃一惊了。同一种茶，我曾目睹它在春天被制作出来的过程，当时一泡，花蜜香浓郁，汤色浅鹅黄，口味生青。不过时隔约三四个月，味道虽然还是偏生，然而汤色开始转深，明显能感到不是新茶了；而比较令人沮丧的是，香气散了，还隐隐带有湿霉的味道。也有当地人骄傲地拿出他们摆放几个月之后依然条件良好的茶叶以试图证明，易武不仅是一个产茶的好地方，同时也可能是一个存茶的好去处，只要方法得当。

喜爱易武茶的藏家们所期待的，是存放过一段时间以后的生茶所具有的一股特别的梅子香。这需要精心的密闭储存。尽管当时对于储存空间是否应该不时地透气开窗，人们还在争执不休，但是不能长时间地把茶放在完全通风的地方、不能受潮，这却已经是共识了。普洱茶的藏储是一门深奥的学问，连台湾、香港和广东一带的资深茶人都还在孜孜摸索，更别说在过去时间里对于普洱茶一直以新为贵的云南人、易武人了。有一则流传甚广的知识：普洱茶既不能放置在潮湿的环境，也不能放置在过于干燥的环境；储存于前者或后者两种极端的条件下的普洱茶，不论其原料如何优质、生产加工如何精良，时隔多年后，一样没有前途。

正是基于这样一些认知，有当地人正和外来茶商合作试验：同样一批茶，一些放在天气干燥的地方，比如像昆明，一些放到易武，在专门的空间密闭保存，几年之后约定同时来喝，比较转化的效果。普洱茶新近兴起的历史不长，陈化若干年之后的普洱茶，到底会变得怎样，还很难说。陈化给人带来不确定性，陈化也给人带来期待感，尤其是在普洱茶市场发生震荡、茶农们感到忧愁不堪的时候。本章要探知的，正是当普洱茶市场在 2007 年春夏之交滑坡之后，生产地的茶农和茶商们如何依靠自身的能动性，在一定程度上化解忧愁，并对普洱茶形象的起伏赋予和城市人不同的诠释。

实践理论（Practice Theory）强调人的能动性，强调行动者在互动中所产生的"控制的辩证法"（Giddens，1979），即权力的非单向性。詹姆斯·斯科特（James Scott）提出"隐藏的文本"（hidden transcript），意指被控者所具有的反向能力，常以一种不易察觉和不可见的方式隐性地存在着。在斯科特笔下，东南亚高地民族反抗压迫的斗争不一定是明显的起义或革命，但却时时存在于每日生活里，持续而隐晦。每日生活的反抗似乎没有明显的机构组织，没有宣言旗帜，但其行动的影响力却是显著的：

> 他们没有多少组织或计划，通常以个人自助的方式来进行，避免和权力机构的直接公然的对峙。理解了这种平常的对抗，也就理解了当地人是怎样以暴动之外的方式来为自己的利益而抗争的。（Scott，1985：29）

当普洱茶面临外销的困难，同时也面临生产的压力时，不少易武人也采取了一种和既有规则不合作的态度和做法。但是"对抗""抗争"这样的词语，却并不适用于普洱茶所处的社会文化情境。当面对困难但是又无力公然反对既有规则的时候，大家所时常采用的，是一种"打擦边球"的办法。既有规则似乎界定了、但又还界定得不够清晰之处，正是许多人最擅长利用的边缘地带。打着已有规则的旗号，做一些规则之外的举动，两相嫁接，糅合自身智慧，结果是创制出一种新的民间规则。这印证了实践理论所阐释的行动者的能动性，并且也像斯科特所讲的那样存在于每日生活之中，不过却不像斯科特的"对抗"听起来那么严酷和二元对立，而是以一种更柔韧的方式呈现。所以与其用"对抗"，毋宁用"化"，才能更好地阐释中国式的不合作以及对规则的灵活运用，一种渐进的、不着痕迹的改变。

"化"在中国文化里有着丰富的含义。它可以是道家所讲的辩证转化："祸兮，福之所倚；福兮，祸之所伏。"它可以是儒家所讲的教化，一种潜移默化的政教风化、教育感化和环境影响。对于行走江湖的侠客而言，"化干戈为玉帛"则是平息争斗、美美与共的最佳理想境地。在普洱茶身上，人们最常说的是"陈化"，在微生物化学反应和时间塑造之下得以实现的茶叶由生转熟、口感渐趋温和柔顺的过程。

易武当地做茶人需要化解的忧愁和问题是多面向的，最迫切的当然是普洱茶滞销的问题，当做茶人感觉外界状况不够明朗而忧心忡忡时，并没有什么权威信息及时到来帮他们排忧解难、鼓励打气。而与此同时，生产的压力并未因滞销而得到缓解。第二章提到的 QS 规定，仍旧悬在做茶人家的头上，并且期限日近。不过对于怎样才算达到 QS 标准，却又似乎存在诸多不明确之处，并从而成为当地人有可能利用的空白地带。还有，关于普洱茶正宗与否的鉴别，从来也就没有清晰过，这给做茶人带来了巨大的麻烦，并且甚至迫使他们不得不加入真假莫辨的大军，但是与此同时这又似乎变成了他们为自己争取利益的法宝之一。总而言之，诸多的不明朗、未界定和无监管，促使当地做茶人利用这些空白地带，开展自救和自助，从而在一定程度上——即便不可能是全部——化解忧愁，迎接未来。

"两条腿走路"

第二章提到何家的故事。2007 年初，在 QS 的压力下，何老坚持不改造老房子，而是在外面雇主的支持下，另外投资新建厂房。同年9月时，茶厂建设完工。如果按照原计划，有茶厂意味着生产规模扩大，可以购进更多的原料，生产和卖出更多的普洱茶。但是当我9月初前去拜访时，却看不到他们家的茶厂有任何即将要开动使用的迹象。沮丧写满了何老的脸，他向我哀叹说这是他人生中不幸的一年。兴建茶厂用去60万元；春天茶价飞涨时，何家又和其他做茶人一样，花不少钱购进原料。而正在刚刚付出诸多投资后的节骨眼上，普洱茶市场出现了崩盘。

然而，抱怨归抱怨，何家并没有就此等闲。经过一番纠结之后，还是觉得做事才是硬道理。10月中的一天，何老早早起身，催促儿子和几个新雇的工人及早赶去茶厂。今天是第一天测试使用茶厂。只有运行正常，才能通过不久即将到来的QS检查。茶厂距老家约莫两公里，混凝土现代建筑，总面积是老房子的五倍以上。环绕一块长方形中心空地的左右，是一排大小不等的房间，门头上分别标示着"办公室""原料室""拣梗室""更衣室""压茶室""干燥室""成品室""实验室""品茶室"。

"压茶室"有两间。其中一间约有二十多平方米。测试的第一天，何家的小儿子何三坐在正中，负责揉茶。揉茶紧跟在称茶、蒸茶之后，在石磨压茶之前。刚被热气蒸过的散茶湿软而烫手，揉茶的人必须迅速将茶倒进布袋，忍受高温，戴麻布手套快速翻转压打，令茶袋变扁变圆。揉茶的技巧决定着最后的饼形，揉茶者亦可同时监管之前的称茶和之后的压茶环节。何三平日好动顽皮，揉起茶来却像变了个人，异常专注，在茶厂测试的头一天，更是全力投入，一丝不敢怠慢。在何三的左手边，未婚妻小张正在言传身教，指导一个新雇的小工如何称茶。小张原来是公务员，现在辞了工作，来帮何家做茶。未来的公婆透露给小张的态度是明确的：要成为何家称职的媳妇，就必须全心全意帮忙做茶。何三的右边，两个小伙子接过揉好的茶饼，放到石磨下面进一步压制整形。其中一个是和何三已经长期合作过的伙伴，另一个则是新近雇来的，正在学习。这一套手工流程，过去在老房子屋檐下千百遍地进行过，如今换了场所、增加了人手，多少需要磨合。人和人说话交流的方式、人和茶相接触的感觉，在新的空间里都需要调适。

隔壁还有一间压茶室，摆放着一套压茶的机器，尚未启用，但这是 QS 规定必须要有的设备。据说，这样的机器，更多将会用于制作"礼品茶"。机器压制的茶饼，通常比人工压出来的更紧实，生产速度、产量也会大大提升。但"礼品茶"意指不是马上用来喝，而是用于人情流通的礼物，言下之意就是包装好看、但实际质量稍次的茶。也就是说，有了机器，可以实现高效生产，但那并不是何家，也不是易武踏实的做茶人真正想要做的茶，更多是为了通过一个标准审查。很显然，何家所重视的，依然是手工石磨，那是易武的传统，也是何家致力于生产的高端茶，即使换到了一个颇具现代感的厂房里，这个主张也没有改变。

何老在茶厂四处走动照看，希望测试不要出什么大问题。对于这幢现代化的茶厂，他怀有一种极为矛盾的心情。在很大程度上，他并不喜欢它。他说，它和他过去人生经历中所居住和工作过的地方大不同，太钢筋水泥了。这座茶厂花去他许多的钱和心血，而投入后有无产出，尚不清楚。但另一方面，他又为自己家拥有这样的一座茶厂而骄傲。在带领我或其他的外来者参观时，他都自豪地宣称：这恐怕是目前为止易武最像样的一座现代化茶厂了！当在茶厂的"实验室"里看到标有刻度的量杯、白色统一的盖杯托盘，还有天平秤时，外来的客人们大都表示不解：这些似乎是化学实验室或者图片里出现的国际茶叶审评才需要的器具啊！何老解释说，这些都是 QS 标准上列出的必要项目，至于用或不用、怎么用，还要看实际。

整座茶厂，何老最真心喜欢的，可能是厂房背后那一块自己开垦的田地，可以种瓜种豆，可以用来供给工人伙食。茶厂有工人们可以住的房间，还有厨房。但是在启用之初，并非一切就绪，工人们中午晚上都得赶回何家老宅吃饭。何大妈和女儿在家做饭。何大妈忧心忡忡：如果茶厂不久之后一切就绪，是否她得到那边去做饭？但是老房子谁来照看？跑来跑去受得了？如果新雇一个人做饭，岂不是又要增加开销？女儿在昆明开了一家茶店，这两天特地赶回来。用她的话说，茶厂是"老何家的大事"，这两天是关键时期，她不能不回来。我从她那里得知，普洱茶虽然现在市场不振，不过她却有幸接到一笔订单，虽说不大，但是对于整个老何家来说却是希望。更何况，茶厂既然建了，就不能不用，QS 检审又迫在眉睫。

我和何家共度茶厂试用的头几天，深深体会到他们全家人的紧张节奏。即便在午饭时候，何老和女儿也不忘叮嘱工人们务必注意一些重要的环节。午饭完毕，何三、小张又带领工人们前去茶厂。何三开了一辆车，大家挤进去。何老在家里料理一点家务，帮忙哄哄小孙儿，然后慢慢步行去茶厂。这样就一直忙到晚饭过后，何老才有空歇下来，坐在小四合院天井走廊的一段木桩上，抽他的旱烟筒，一边从大口缸里喝茶。这是他一天中最惬意的时刻。这里也是令他亲切而身心放松的环境：青石板的小院和台阶，木头的廊柱、木头的门板、木头的窗棂。一楼南面的正厅用于待客，正厅里面套着两间卧室。从正厅出来两边拐角可以上楼，楼上室内可以存茶、堆放物件，室外则有一方阳台，对面就是青绿的茶山。走得拐角楼下来，东边较大的一间屋原先是饭厅，后来用作压茶，通透敞亮。从压茶厅南面出去就是厨房，北面穿过一块小菜地则可通达洗手间。在何老看来，这所有的空间连接得天衣无缝，方便、整洁又传统。而外来访客的到来，更让他进一步意识到老宅的价值：

> 来易武玩的人，好多经过我的家门，会自己走进来到处看看，有些客人走的时候会买点茶。我也很奇怪为什么会这样，我又没有主动邀请他们。易武做茶的人很多，但是好多人总说我很成功，会拉客人。我想来想去，不是因为我会拉客人，可能是因为我这个老房子。我这里位置好，房子保存得也可以。外面来的人，他们一开始是对我这个房子感兴趣，如果看见我们家在做茶，就更感兴趣了，十有八九会买几片茶。所以我跟我老伴说，不管咋样，我们

两个都要有一个在这里看家，招呼客人。就算有了茶厂，老房子这里还是要留着石磨，在这里做一部分茶。茶厂太偏，有几个人会走去那里看？

2007 年时何家老宅已有七十多年的历史，位列易武传统建筑保护名录。在茶厂建成之前，何家在老房子做茶已有数年。由于逐渐意识到老房子的价值，何老坚持不随意乱改造，并坚持利用茶厂和老房子两个空间同时加工茶叶。茶厂通过 QS 在即，按照何老的理解，这个 QS 证"自然地"可以延伸运用于老房子；或者说，后者至少可以用于补充展示易武的手工石磨制茶是如何在传统屋檐下进行的。按照何老的诠释，QS 对现代加工空间的样式作出了种种界定，但是却并没有说老房子不可以作为后备、用来展示传统技艺。

通过对现代规则进行灵活诠释，并利用政策尚未界定的空白地带自我圆说，何老力求同时握住传统和现代。按照他的说法，这是"两条腿走路"。不管每天有多么辛苦，他都愿意多趟徒步往返于老房子和茶厂之间。后来不久，令人不敢相信的是，他竟然开始学习开车，尽管他已经年过六旬。我去坐了他开的车，觉得很稳妥。有了现代化的交通工具，传统和现代之间的距离似乎被缩短了。虽然相隔两公里，但新厂和旧房在心理距离上被整合为一，成为何家茶叶事业继续向前的基石和希望。当年底，何家的茶厂通过审核，正式获得 QS。从何家出品的普洱茶，包装上从此可以正式印上 QS 标识，并注明是"传统家庭手工制作"。

"等等看"和"白版"

当何家于 2007 年底通过 QS 时，据政府统计，全易武乡共有五十家做茶的获得了 QS 证书。不过众所周知的是，易武做茶的远不止这个数，据传可能有八十家甚至一百家。还没有取得 QS 证的，有的还在努力建造新的厂房，申请延期检审。还有许多人家，从一开始就压根儿没有想过要拿什么 QS。他们自有办法，没有 QS 也能存活。阿来就是其中之一。他有一位固定的国外客户，每年定期来向他收茶。

阿来没有像何家那么好的老房子，但是他拥有优良的茶树资源，特别是大树茶。他自行采摘，自己粗加工和精加工。即便在普洱茶市场泡沫较大时，他也不慌不忙，因为他的大树茶似乎永远不愁卖。他说，他也没有做什么大买卖的野心，就想好好把手里的东西做好，卖给稳定的客户。QS 意味着大投入，和他只想做好小买卖的愿望相违背。等普洱茶市场滑落以后，QS 检查员来得就更松懈。眼见不少家庭因 QS 花费大笔资金、在普洱茶市场低迷之际又不能尽快收回投资的状况，阿来暗自庆幸自己的决定是明智的。最重要的是，他的稳定客户并不需要他的茶有 QS。不过，这位客户另有要求。阿来转述这些要求为：

她说有没有 QS 不重要，但是最重要的是茶树绝对不可以用化肥和农药。这个她讲过好多遍。从我们家收走的茶，她会拿去做专门的检验。一旦查出农药化肥什么的超标，她就要退货给我们。不然的话，她出口就会有麻烦。当然了，她要我们把台地茶和大树茶完全分开做，一点都不能混。你要认得，她是个喝茶的高手，你根本骗不着她……茶叶干燥的话，她要求我们都是太阳晒干，不要火烤，也不要机器烘干。所以这几天下点小雨，我都不去采茶，由着茶长一阵。还有，她叫我们冬天不要修剪茶树，一点都不修剪。修剪过的茶树明年春天倒是发得好了，但是品质可能会不好。

虽然不需花费巨额资金，但是客户的这些规定在当时的易武来说，是一种小众而独特的做茶法，绝对需要阿来一家的辛勤和坚持。而且这些要求，更多是针对粗制环节。从一开始的不完全理解，到后来逐渐接受，再到最后的完全同意，阿来一家在此过程中逐渐参悟到粗制环节对于茶叶品质的决定性作用。客户甚至说，台地茶并不是不好，只要不乱用化肥农药、精心栽培制作出来，也是好茶。在此鼓励下，阿来决定在还有的空地处再扦插一些小树茶苗。那么，茶叶数量增多了，是否会有一天需要投资盖茶厂才能满足生产能力呢？对此，阿来的态度始终是"等等看"。他觉得自己没有能力预估未来，但是有信心宣称自己做的是"正宗"的易武茶。

阿来对面住着另一家，和阿来家沾亲。这一家做茶不及阿来家出名，也没有 QS，但是宣称他们家的茶并不比阿来家的差。有一天我去拜访，女主人出示了她的茶给我看。这茶用一张简单的白色棉纸包着，棉纸上什么也没有印。她告诉我，这就是正宗的"白版"（图 6.1）。他们家不仅没有投资于 QS，也没有花钱去印特殊的包装纸。她的客户需求的，正是这种用白色棉纸简单包装的茶饼。女主人说，她明白，客户拿了这种"白版"去，最终要换上有人家自己品牌的包装纸；客户对她家用什么包装纸并不在乎，对她家有无 QS 也不在乎，在乎的只是这空白棉纸里包的茶是好是坏。她的客户和她达成的共识是，QS 并不一定代表"正宗"；在目前这个时节，没有 QS 的茶恐怕还要更真一些！

图 6.1 "白版"，没有任何品牌和说明的包装

我逐渐发现，持这种看法的人在易武绝不止一个。走进这位有"白版"茶的人家的时间段，我正在对住在易武老街的二

十多户家庭做一批问卷调查。我本来的目的是拿到一些数据，获知普洱茶的发展对当地生计所带来的影响。出乎意料的是，在配合回答完我问卷上的问题之后，村民和我聊起了更多问卷之外的事情。因为这些"闲聊"，我得以获知更多他们的人生经历、对普洱茶起伏的想法。我庆幸没有简单地把问卷丢给他们一填了事，而是以坐下来面对面的方式谈天。在回答我的问题之际，他们常常反过来问我问题，比方问我在外面所看到的普洱茶市场状况如何，问我认为普洱茶的未来究竟会怎样。发表自己看法的村民，不约而同地指责将外面的茶叶拉进来冒充"易武正山茶"的行为，认为这才是最应该引起易武人焦虑的事。在他们看来，普洱茶之所以崩盘，除了他们不懂的传说中的庄家操控之外，最大的问题应在于以次充好的乱局；他们觉得，不管普洱茶有没有崩盘，好多以前来访的人现在不再来易武，正是因为来到这里后发现受骗上当。他们更指出，现在大量的假茶之所以不可抵挡地被拉进易武，和 QS 的实施有关系。他们梳理的逻辑是这样的：为了拿到 QS，好多家庭不得不投资建造茶厂，一有了茶厂，就需要更多的毛料来加工，而且要加工出更多的茶、卖掉，才能收回建设茶厂的巨大投资。但是谁都知道，易武的茶资源是有限的，仅从易武（即便包括周围五大茶山）收购原料，也是难以满足茶厂的生产需要的，更何况六大茶山原料收购的竞争那么激烈。于是，一个不得不为的解决办法就是从别的地方拉来廉价的茶充当易武茶，茶包装纸上既印上"QS"，又注明"易武正山"。

这些解释及行动令我意识到，当地人正游走于官方规定和市场需求之间，走一条他们可能行走的路。如果说 QS 规定是一种"加法"的话——增加生产设施、扩大生产规模——那么不少当地人选择的则是一种"减法"——减少使用农药化肥，保持小规模生产，减少包装，宁用"白版"。像阿来和他的近邻，没有遵守 QS 的规定，但是他们也没有公然地反对这样的规定。他们只是和客户结成同盟，"解构"QS，并为自己生产"正宗"的茶品找到合法化的道路。或者说，QS 指向的是规模和机器生产，如同斯科特所讲的"隧道视角"（tunnel vision），一种力图由上至下来标准化和统一化、同时也是简单化管理的方式。对于这一规则，村民化之以"等等看"的策略，通过与客户合作，将力图整齐划一的行政规则化之以一种小众但却有保障的作为——不打化肥农药和采养有度的自然农业方式。

"土 茶"

高老师，本地人，易武中学的老师。他所忧虑的，和许多当地人不同。在他心里，目前普洱茶所面临的最大问题，不是什么市场和生产规则，而是正在日益遭受破坏的茶山生态。

不少易武人喜欢在家里悬挂茶山的各式地理位置标识图，除了第一章讲到的詹英佩记者的示意图受他们喜爱之外，还有一张地图也为他们所称道，其作者是高老师。还没有见到高老师，我就看过无数他的地图了。当地人喜欢的原因是这张图上标注了别的地图都没有的重要地点。有人为我举例，比如"一扇磨",位于易武北部,地方虽小,却正日益成为一个名气不小的产茶地。像这样细小的地方,别的地图上找不到,却只有高老师的地图上有,足见他的本地知识。

我慕名前去拜访,并想从作者那里买一张地图。高老师长得并不高。不过,出乎我意料的是,他的地图卖价却很高:一张要四十元!在 2007 年,这足够在城里的书店买好几张世界各地的彩图了。为什么这么贵?我很不服气。高老师指着图上的种种信息,说这些全是靠他的脚步丈量出来的。这张图标注了六大茶山茶树资源的分布,古今茶叶运输的路线,古庙、石碑等历史遗迹,有比例尺,还有比较清晰的经纬度。高老师很骄傲地说,好多人画的六大茶山,都是示意图,而他的却是"综合地图"。为了画这张图,他花了四年,走遍六大茶山的山山水水。手里没有什么专业的测绘工具,不过他是个数学老师,结合一定的地理知识,还有更重要的是本地经验,脚步丈量以后在纸上计算出来,就成了最后的经纬度。他提醒我,现在卖的这张地图是由他个人出版的。因为达不到正规的出版审核条件,找不到任何一家专业出版社愿意出版,他干脆自己花钱自己印制。"所以这么贵,"高老师说,"你去哪家书店也买不着,必须亲自来我这里!"(图 6.2)

在指点地图的同时,高老师忍不住对于什么才是"易武正山"发起议论:"不要以为凡是六大茶山有茶树资源的地方,做出来的茶就是'正山'茶。如果茶树海拔在 1000 米以下,还和橡胶树混种在一起的,我觉得就不是'正山'茶!"高老师所讲的,是 20 世纪 80 年代时,易武乡下面的自然村建立了几个茶

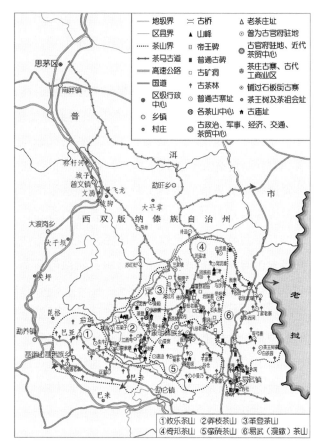

图 6.2　云南古六大茶山文史综合地图

队，栽种下一批台地茶。其中几个茶队在同一地点种了橡胶树，和茶园紧紧相邻，甚至混杂。高老师说：

> 要知道，橡胶是最容易招惹虫害的，所以不得不打农药。你就可以想象旁边那些茶叶会怎么样了，橡胶的农药

不就很容易落到茶园里了吗？这种地方的茶，怎么可以用来代表六大茶山的品质呢！"正山"茶，我觉得，应该海拔要在 1000 米以上，但种橡胶的地方通常只有七八百米。当时一共建了九个茶队，八个都在那些低的地方，只有一个茶队建在易武中心这个团转，还不错。

高老师跟我历数茶山生态如何遇到危机的案例。其中一次，是他亲眼见到有两个人砍了大茶树。他于是立刻向当地部门打电话报告，但是没人来管。他又打电话到上级部门，还是无人回应。他于是第三次打电话给相关部门说，如果再没有人来，他自己就要亲自动手了，两个砍了茶树的人在他手里。相关部门的干部才不得不来了。另一次，他写信到北京，状告当地部门滥建橡胶林地，致使西双版纳的胶林过度扩大、正在严重影响环境生态。北京回信了，令当地部门整改，高老师也因此而成名，不过具体问题并未得到真正解决。

之所以对橡胶树持有成见，高老师说不是无中生有，而是基于他的生活经验。有一次，他从橡胶地取回来一块土，放在房屋前的小院里。雨水下过以后，院子里其他的土都长出了草，唯独这一块种过橡胶树的土，什么都没有长出来。他这样比较茶树和橡胶树：

> 茶树是可以和其他植物和睦相处的。但是橡胶树就像是抽水机，橡胶林的地上很难看到其他植物。种过橡胶的地最后可能会干涸掉、再不能种别的东西。西双版纳种橡

胶的历史还没有一百年，我们也不知道以后真的会怎么样，就像我们还不知道今天做的普洱茶一直放下去会怎么样。

大茶树的面积很难测算，东一棵西一棵。台地茶成规则的行列，较方便测算。而对于高老师来说，橡胶林面积较易估算，因为它们不仅成规则行列种植，而且比台地茶长得高，容易被发现，而且一发现就是一大片。在为绘制地图走遍六大茶山的过程中，他也为亲见橡胶林面积的广大而触目惊心。再一次地，他脚算、笔算、心算，估算出六大茶山一带橡胶林的面积已经不下五十万亩。他说更糟糕的是，普洱茶市场一滑坡，好多人就去改种橡胶树。橡胶树本来要种在低纬度地方，低于 1000 米；而茶要高海拔才好，高于 1000 米。但许多人为眼前利益驱使，不管三七二十一，在 1000 米以上的地方也种橡胶树了，于是有的橡胶树就和原来高海拔地方的茶树相隔不远了，可想而知这对于茶山生态的影响。他认为，茶市的波动是正常和暂时的，只要人们守护好茶山生态，等市场有所回转的时候，一切都还来得及。但是生态一旦被破坏，就很难恢复了。他也并非认为一点橡胶树都不能种，但关键问题是一下子种得过多过快了。

高老师的种种作为和想法，被不少当地人讥讽挖苦，说他杞人忧天，或者说他太过激进，是个疯子；有少部分的当地人支持他；也有外面的媒体和做茶人在关于生态的方面支持他的观点，帮助在报纸和网站上刊载传播他的想法。2007 年至 2008

年时，高老师还在撰写一部关于普洱茶历史的书。书稿完成了，但是和地图一样，出版遇到重重困难。因为高老师在书中屡屡指名道姓地批评某些茶叶专家的说法，出版社要求他对这些提法进行修订或删除，以免得罪太多的人。高老师很是生气，反诘为什么他不能批评"专家"，真理不是在争鸣中慢慢见分晓的吗？在高老师的眼里，没有什么严格的专家和非专家的区分。他为自己作为一个六大茶山的本地人、能够书写只有本地人才知道的历史而骄傲。他很自信地说，自己基于长期的本地生活经验、外加近年的专门调查而书写的内容，比许多的外来访问者道听途说、短期访问所得，要更真实百倍。但是，书稿交给出版社都一年多了，高老师还是不断地接到修改意见，不仅要求他缓和口吻、去除尖锐批评，更要求他通篇调整结构和叙述语气，以符合"正规出版"的标准。高老师差不多要放弃了，但是忍忍又坚持着。他感叹说，看来他越是勇敢向前，就越是麻烦多多。

高老师的书终于在 2009 年出版。这本书之后，他开始着手另一本书的写作。时隔几年，当我于 2019 年再见到高老师的时候，他正在关心中草药的知识，看书，然后每日去山间探访各种草本植物，有的挖回来自己煮水喝，颇有"神农尝百草"的意思。他原来就不喜欢喝熟普，探访了中医药知识以后，对熟茶更增反感，于是利用新型社交媒体平台发表文章，抨击熟茶，与人在网络上争论激烈，不休不止。

在我听来，高老师似乎每日都是批评别人多多，也被别人责难多多。我问他这样可怎么睡得着觉。高老师大笑，说他仍然睡得好、睡得香，条件只是两个：问心无愧，还有，喝到好茶。常人如果睡前喝茶，十有八九睡不好，高老师反过来：睡前如果不喝一杯好茶，就睡不着。他的好茶就是自己收来做的茶。他亲自在六大茶山、尤其是他的老家一带收购他信得过的原料，然后在一个设施齐备的当地朋友家里压制。他收茶的挑剔，可想而知。他也不贪多，一年只做少量的茶。

高老师将他所做的茶冠名"土茶"，意指普洱茶就是一种土特产，不必搞得神秘兮兮。在他自己设计的全土红色的包装纸上，"土茶"两个大字位居正中心。他标注了茶叶来自自己的老家象明茶山。象明包括了六大茶山的四座：蛮砖、莽枝、革登、攸乐。高老师尽量到那一带去收茶，因为在他看来，那一片的生态保持得更好。那一带的居民，按照现行少数民族识别，多为彝族。但高老师坚持认为他们，也包括他自己，属于"本人"，一种官方民族识别之前当地人的自称，也即原住民。高老师自己考证，"本人"和哈尼族而不是彝族更靠近。所以，在包装纸上，他也特地选取了当地民族常用的图案。在印上这许多环形的文字和图案之后，包装纸上再无一点空白可以承载其他的信息，比如 QS，尽管帮高老师压茶的这家朋友已经获得了 QS 生产证。和上一节阿来的亲戚所使用的"白版"相反，高老师运用了"全版"，以体现他的"土茶"思想。只有在设计自己的茶饼这件事上，高老师似乎才获得了全面的自由，不再需要与人争执不休。不过，和所有易武做茶人相同的是，高老师没有忘记在茶饼上注明"越陈越香"。（图 6.3）

图 6.3　高老师的"土茶"

新山头

　　和高老师一样，郑老师也青睐收购自己老家的茶叶。不过因个性差异，做事行为方式也就很不相同。

　　因为同期稻谷开花，秋茶也称"谷花茶"，采摘制作从 9 月到 11 月。10 月中旬时，郑老师明显看到，春天来郑家访问过的客人，其中一半到了秋茶时节并无踪影。郑老师认为，谷花茶滋味并非都不及春茶，但是眼见门庭冷落，对于要不要再收购原料，他实在心存疑虑。某天，亲戚送来一批毛料。这批茶叶来自郑家梁子，郑老师的老家所在，距离易武中心大约五公里。那里位于去往麻黑的一条岔路上，因为地处山脊，没有铺好路，去麻黑收茶的人大都径直沿着修好的主路走了，没有多少人留意郑家梁子。当天郑老师泡来喝了觉得不错，又经不起亲戚的一番劝说，便买下了这批毛茶，不过两公斤。隔天突然有几位台湾客人来访，郑老师于是用这个郑家梁子的谷花茶来招待。我刚好在，大家于是一起分享。茶汤色黄而明亮，散发着秋天太阳刚刚晒过的干爽气息，还有冰糖的甜香，大家一致认为是非常不错的大树茶。客人们极为欢喜，询问茶的来源，希望购买。郑老师颇感意外，也颇为惊喜。不过令他犯难的是，这批原料不过两公斤左右，压成茶饼显然是不成规模。客人们干脆提出，愿意买走所有毛茶，然后和郑老师谈好订单，希望他从老家收来更多类似原料，压制一批茶饼，价钱自当给足，条件是只用郑家梁子的单一毛料，不要添加其他山头的茶，同时把大树茶和台地茶分开。郑老师过去做茶，力求大树茶和台地茶分开不相混合，但是尚未细分到是哪个村的大树、哪个村的台地。今天客人们的请求，令他意识到一个新的小众高端市场正在形成。

几天之后，郑老师邀我同去郑家梁子会会他的亲朋好友。他选择了晚饭后，因为白天人们多出去干活了。我想这可能会是一场特殊的聚会，准备带摄像机去拍摄，可又担心夜晚光线不好。郑老师主动提出，他可以帮忙带去几个 100 瓦的大灯泡，到时候在院子里挂起来。原来他也希望这场聚会被记录下来。

郑老师很有号召力，亲戚的亲戚、朋友的朋友都来了，一下子在一个宽敞的小院里聚集了四十多人。郑老师坐在中心泡茶，给大家示范泡茶、喝茶的方法。郑家梁子相对闭塞，人们采茶、做茶，但是喝茶还不怎么讲究。而郑老师参加过西双版纳州举办的茶艺培训班，又常在家里招待四方来客，从各路神仙茶客那里学到不少。不过平时多见他谦虚地在请教和倾听，像今天这样把自己居于中心，我还是头一次看到。

郑老师拿出一本书，请人为大家朗读书的前言。这本书在本地家喻户晓，讲述了古六大茶山从清代中期以来发展的历史。郑老师对大家说，这样的书常读，可以警醒人们，珍惜六大茶山的声誉。我想起平日问过他："您觉得外面的人为什么喜欢来六大茶山买茶？"他的回答是："不同地方的茶有不同的口味，不能说只有我们这里的茶好。但是我们这个地方独特，历史特别，连以前皇帝都喝过这里的贡茶。现在的人富裕了，大概也想喝一喝皇帝喝过的茶吧！"在郑家梁子的当晚，郑老师所说的"珍惜声誉"的意思，是鼓励人们做好茶、做正宗的茶，否则就会有损六大茶山那么长时间以来形成的声望。

然后，郑老师开始讲述不久前台湾客人喝到郑家梁子的茶以后的反应。这是他今天讲述的重点。他告诉在场的人们，台湾客人委托他做一批郑家梁子单一产地的茶，说明这里有优秀的茶叶资源，同时也是有外来人懂得欣赏的，所以请大家要多多支持，管理好茶树，做出好茶。他说："不管外面怎么变化，我想总之我们得以茶为生吧，这才是我们的根本！"

郑老师聪明地把两个重要的元素放在了一起，向老家的当地人晓之以利害：茶的历史，还有茶的自然。六大茶山曾经的辉煌历史吸引了外来的"朝圣者"，而自然资源则是茶山得以永续发展的基石。珍惜历史和珍惜自然，在郑老师看来需要同一的路径，那就是踏实做茶。在把这个道理告诉给乡邻的同时，他仿佛也在自我鼓励：不管外面市场如何波动，把茶做好才是硬道理。

在场的观众似乎听得很入心，并开始纷纷发言：有的指出郑家梁子目前的困境是不为人所知，正需要像郑老师这样的领路人；有的甚至提议，可不可以请高老师在他以后出版的地图上，添上郑家梁子的名字；还有的开始争论，做单一山头原料的茶饼到底好不好，好处和劣势各在哪里，如果要做，怎么做。

这场聚会结束大约一周以后，我果然在郑老师家里看到了更多来自郑家梁子的毛料，或者至少是样品。做一批以郑家梁子为单一原料的茶饼的计划开始实施了。但是因为收购单一山头原料的高难度，特别是很难在短期之内汇聚大量来自同一个小地方的大树茶，郑老师决定减小规格，通常以 357 克为一饼的，他改做成 100 克一饼，仍然以七小饼为一筒七子饼，精巧好看。他从此开始制作不同的单一山头的茶，例如，一筒七子饼，全部是郑家梁子的，而另一筒全部是麻黑的，再一筒全部是一扇磨的。或者，一筒七子饼的每一饼各来自不同的山头，一筒就可以包含七个山头。

这种对单一山头普洱茶的追求，同时期在云南众多产茶地开始发生，很难说谁是创始者。而本节通过讲述郑老师的案例，想着重说明的，是当地人如何在面临市场波折的时刻以积极主动的姿态开掘新的路子。郑家梁子亲朋的支持，使郑老师获得了继续把茶做下去的信心。他不止一次地对我说，心里不是不担心，其实即便是普洱茶 2007 年春夏发生市场波折以前，他也总是悬着一颗心的。但是他说，既然自己已经选择了做茶这件事，也逐渐地习惯了为做茶而操心，那么与其重新选择去为橡胶或其他东西而担心，还不如继续为茶担心好了。他还说，只要不打仗，社会安定，那么相信富足了的人们一定是想买好茶喝的。

小结　化解忧愁

本章的几个案例展现了当地人如何结合现实需求，对易武普洱茶的生产进行灵活的界定。何老的"两条腿走路"，一方面力争达到政府标准，另一方面则游走于政府标准之外以满足客户需求，两者合起来是为一种自我生存的智慧。阿来及其亲戚的"等等看"和"白版"普洱茶，更像是游击战的做法，虚虚实实。这一做法在求取正规 QS 的人看来可能不是长远之举，但是阿来和他的亲戚对于什么才是正宗的普洱茶，自己却是心中有数。高老师在什么才是"正山茶"方面更显爱憎分明，勇敢批判现实但却难以为世俗所容。郑老师在茶市迷途之际善于学习借鉴，抓住机遇，开辟代理新的山头。这几个案例的共同点在于，面对压力，主人公都不是一味低沉消极，也不是直接对抗。在市场滑坡、信息真假难辨、政策规则又不健全的情况下，他们善于利用空白地带探寻新契机，自找出路，对"正宗性"即生产的方式以及生存的路子，赋予新的定义。

早在 20 世纪 90 年代，易武乃至普洱茶的路子是由港台茶人商人（尤以台湾更为明显）主导并开辟的。当时的普洱茶江湖基本是一张白纸、无人界定，港台茶人以手中的老茶为旗帜，与当地人合作，共同促使已经沉寂半个世纪的手工石磨压茶法重新出炉。到了 21 世纪初，广东、北京、昆明等地商人开始加入了对普洱茶的生产制作进行定义和影响的行列。面对普洱茶生产流程、特别是粗制环节还没有明文统一规定的状况，四方收茶者各显神通，向当地生产者晓之以自己所需茶叶的质量标准，填补空白，但也带来了普洱茶制作工艺的五花八门。在普洱茶市场波动不定、前途未卜之际，消费和生产链条末端的茶农和私人加工作坊，成了普洱茶供应链条最底端的无辜的受害者和脆弱的焦虑者。但也正是在茶市波动、既有的茶叶政策和外来商机都显得怯弱无力之际，当地人的能动性被有力地激发出来。这种能动性，一种"化"的智慧和作为，在此时成为行动者们探寻生计、自我拯救的路径。即便不能解决所有的和根本的困境，但这种能动性却在很大程度上成了当地人自助自立以化解心中忧愁的有效方式。

第四部分

冬藏

第七章　超越江湖

斗　茶

茶会的气氛弥漫在昆明的某些街巷，主办者们借用古名，称之为"斗茶"。① 人们在普洱茶市场颠簸之际斗茶，学习辨识初生原料的真伪好坏，并且通过品饮不同年份的茶叶来探讨普洱茶到底值不值得储藏、如何储藏的问题。储藏这个主题之所以变得流行，是因为如果普洱茶被证实值得长期存放，那么它的生产将随之被带动，其价值备受猜疑的现状也将可能得到改变。

我在昆明参加了多场斗茶，其中印象最为深刻的，是 2007 年冬天由一个名叫"三醉斋"的网站举办的一场别开生面的茶会。当时对普洱茶着迷的资深茶客，大都知道这个茶叶门户网站，并通常将它简称为"三醉"②。三醉网站汇聚天下茶叶资讯，分列文化、保健、市场、动态等多个栏目，又按茶的种类设有

---

① "斗茶"在宋代最为兴盛（参见沈冬梅，2007）。

② 现在随着新兴社交媒体的出现及媒体运营和监管方式的变化，这样的门户网站已解体，演变成一个并不活跃的微信公众号，或分化融入各种茶文化微信群。

红茶、乌龙茶、普洱茶等多个版块。其中的普洱茶版块，名为"茶马古道"。因为普洱茶是 2007 年前后的热点，这个版块也就赢得了最多的参与者。

网站最大的特色，是在各版块下设主题、发帖子，你一言我一语，有时相互玩笑揶揄，有时唇枪舌剑闹得不可开交。一人发帖，万人跟帖讨论，热闹非常。和今天的社交媒体相比，除了技术平台有别，参与方式其实极为相似。这样的网站，流行于微博、微信还没有登台之前。和今天用智能手机随时可以查看信息的方便相比，那时想要关注论坛的人，更多了几分认真和严肃，因为必须亲自坐到电脑面前。电脑随时开着、一天不登录三醉网站就不舒服的茶客大有人在，由此可见其热度。

任何人，只要感兴趣，都可以注册为成员，浏览信息，参与讨论。除了普通的茶叶爱好者，成员的一大来源是茶叶经营者。但是因为可以选择匿名注册，所以大多成员的真实姓名和身份保持神秘。网站总管理者被称为"斋主"，而各版块的负责人则是"版主"。他们掌握着"生杀大权"，决定什么样的信息可以进出，决定什么样的讨论可能进行。讯息即饭碗，所以成员们、尤其是作为茶商的成员们，对斋主、版主都极为恭敬。除了线上，斋友们也会在线下接洽。中国产茶省份地区众多，几乎每个地方都有三醉的"斋友"。只要愿意，一个斋友去到另一个地方，总能在当地面见神交已久的另一个斋友。谈得来的，就此成为莫逆之交；谈不来的，从此老死不相往来。

我第一次听闻这个网站，是待在易武时，偶遇云游到此的斋主和版主。他们亲自带队来茶山探看，像是旅游，但其实在进行缜密的调查、收集材料，筹划出版。普洱茶的流行才浮出水面不久，面相太复杂。斋主、版主们本来号称茶叶武林的高手，但是来到大树、台地混杂难分的山头，也时常大跌眼镜。但是不管怎样，去了茶山、有了田野经验和第一手资料的人，会被斋友们益加尊重。许多在茶山时收集的毛料，后来也被拿到某些斗茶会上去分享，贡献者可以清楚地说出毛料的种种细节，甚至展示植物标本。斋主和版主们又和四方茶商茶客有着或私或公的广泛交往，要从某位茶人手中要一个样品、即便是一个发烧样品，也常常不是难事。

三醉 2007 年冬天茶会上分享的茶品，正是从云南、广东甚至台湾等多地采撷而来的珍贵藏品。茶会发生在坊间对普洱茶价值众声猜疑的时候，也发生在三醉的"茶马古道"版块上人们唇枪舌剑、争斗得不可开交之际。版主的主要负责人之一老严说，与其网上论战，大家不如谋个面，以茶会友、"坐而论道"好了。

除了在茶山所见所闻之外，发生于城市茶馆里这样的斗茶，是最能够让我联想起"江湖"的。茶会主办者，就像武林江湖的盟主一样，力求通过一次聚会，公开公平地较量技艺，呼吁摒弃前嫌，倡导重组同盟。一方面，参加者们遵从盟主号令，彬彬有礼、温文尔雅，将茶会共同演绎为一场神圣而和平的仪式，"斗"气不存；但另一方面，参加者们在不斗之中而相斗，如同文人相轻，相互暗自较劲，硝烟渐渐升腾，并弥漫至茶会以外的空间。本章将要深描的，正是不同的江湖高手们通过斗茶而竞斗心气、权威感和身份标识的过程。

"免疫忽悠"

在三醉茶会举办不久之前，其网站上有一则很受欢迎的帖子，跟随讨论者众多。帖名"免疫忽悠——忠实于感觉本身"，作者"声色茶马"。"忽悠"这个词原来常见于东北方言，意指能言善谈。自从 2001 年春节联欢晚会小品对此加以发挥以后，这个词传遍大江南北，为人广泛使用，用来特指那些借由花言巧语将人洗脑、令人上当受骗的行为。相比于欺骗、诈骗等用语，"忽悠"似乎程度稍轻，并带有某种诙谐之意。普洱茶因为复杂难辨、市场混乱，于是便和"忽悠"挂上了钩。我接触到的多名三醉茶友都特别喜欢用这个词，其运用也是灵活的。比如，一位版主在茶山调查，一个村民为他讲述了某棵茶树"多么老"的故事，但是据这位版主自己多方调研后的综合判断，这个故事不真实，于是他说："我今天被'忽悠'了一棵大茶树！"更多的例子发生在买不买茶的环节，如果茶店的主人过于殷勤，在泡茶的同时主动讲述茶的品质多么好，甚或添加有关这个茶的"历史"演绎，那么就会被认为是在"忽悠"顾客。三醉作者"声色茶马"所说的"忽悠"，即指添加茶叶本身味道之外的其他任何信息；而"免疫"，就是要排除各种干扰信息，回到茶味本身，避免外界诱导，即"忠实于感觉本身"。当然，"声色茶马"亦指出，要做到"免疫忽悠"，不仅是在心志上要有如此倾向，在技能上也必须培养自己分辨茶味的能力，也就是一种对茶叶感官品尝的独立鉴赏能力；而且要做"自我"，即便不是一个专家、不能专业地说出是什么和为什么，也要坦诚地面对自我，自己喜欢就喜欢，不喜欢也不能被别人牵着鼻子走。

我曾遇到"声色茶马"，他那时与其他几位版主一起行走茶山，负责拍照。对于拍照的色彩控制，对于泡茶的技能掌握，他都有着个性化的细节追求。和他类似的一批三醉茶友，通过读万卷书又行万里路，在对于"普洱茶是什么"这件事上，有着许多独立的判断，并在不经意间流露出因自我知识和经验的富足而获得的自负以及对某些不懂装懂的人的蔑视。于是，虽然"免疫忽悠"那篇帖子并没有展开讲更多，但是通过与他们相处及讨论，我渐渐体会到，以"声色茶马"为代表的三醉茶友之提出"免疫忽悠"，是有其专门针对的"他者"对象的。

首先，普洱茶在流行中变得扑朔迷离，不少商人为牟取利益，制造种种骗局，所以"声色茶马"们第一要免疫的，是这样的商业忽悠。

其次，人所皆知，在普洱茶从生产向消费流动的环节，包括感官评审方面，地方上及其下属的专业协会，制定过多种条例规则。在三醉茶友们看来，这些条例规则，大概知道就好，在生产和贸易中不该触犯的规则不要触犯。但是他们打心眼儿里认为，这些规则对于普洱茶的现实状况没有真正的指导意义，因此也要防止这方面的忽悠。

再次要免疫的，是某些貌似专业的"专家意见"。三醉茶友们常说，普洱茶风起云涌的过程里，"专家"冒出来不少，有来自植物学、化学界等自然科学领域的，有来自历史学、文化研究等文科领域的，外加记者。在骄傲的三醉茶友们看来，许多文科"专家"无非是擅长编织故事，而一旦不诚恳，则编织恶果就不亚于擅长忽悠的商人；自然科学界的专家们虽然可以谈出植物分类、内含物质，但不少三醉茶友认为，许多"专家"大都没有喝过老茶，也没有喝过细化到各山头的新茶，只将普洱茶一概而论，何谈专业？我遇到的一位三醉总斋主，曾经告诉我，关于普洱茶，他只佩服三个人，其中一个来自广东，两个来自云南。我后来陆陆续续有机会见到这三个人，才发现他们是从普洱茶生产、贸易到储藏的每一个环节都亲力亲为的资深茶客兼茶商，没有一个是来自被"茶专家"排定座次的自然科学界或历史文化界。

也就是说，在"声色茶马"等三醉茶友所追求的"真"的普洱茶后面，隐含着一个特立独行的灵魂。就像侠客，面对江湖风险，想要冲出重围，就得练就超强的个人本领。这样的本领，在"声色茶马"的帖子里具体所指的，就是品尝的能力——只要有自我评鉴茶汤的高超能力，忠实于自己感官和身体的感受，任何的忽悠就都只是过眼云烟。

什么才是感官和身体的真实感受呢？一个人在喝茶的时候，真的可以防止任何外来因素的干扰，完全忠实于"自我"来体验茶汤的滋味么？老严，三醉"茶马古道"论坛的版主之一，没有在公开的场合说他支持或不支持"声色茶马"的观点，但是他显然有他个人想要免疫的忽悠。在离三醉茶会举办大约还有一个月的时候，我在另一场茶会遇到了他。这场茶会由一家昆明的杂志主办，二三十人参加。两个小时的时间里，泡了十一个茶，大都偏新。由于时间有限，要喝的茶又很多，每一种茶只泡了顶多三泡。老严觉得，才泡三泡是无法体现一个普洱茶真正的品质的，许多优良的普洱茶可能是从第三四泡开始才渐入佳境。奉茶的次序也略为凌乱，有时搞不懂到底在喝哪一个茶或哪一泡。参加者还被要求辨识出每一个茶的年份和产地，把答案写在一张纸上。最后按答对率评比出一二三等奖，最末三名会被予以惩罚，为当晚饭局上的酒水买单。老严对如此茶会组织的方式很不满意，觉得茶不好喝、冲泡和奉茶的次序混乱、评奖规则也无聊。正是在那个时候他悄悄告诉我，他们三醉不久之后要举办一场茶会，绝对会比现在这个要有意思得多。我问有什么区别。老严说，他们的茶会，每一种茶会泡更多的泡数；茶的规格会很高，大都有年份；讨论的重点将是仓储，希望到时的参加者不要乱猜，而是应当忠实于自己的感觉来谈一谈对茶叶仓储的体验，免疫忽悠。

专业"工夫"

三醉的茶会在李女士的茶馆举行。李女士也是三醉的会员，获得过国家高级茶艺师资格证。她的茶馆有三层，位于昆明一个新建的住宅小区附近，闹中取静。茶会从当天下午一点开始，据说将要延续到六点。我特意在午饭时多吃了一些，担心整下午地喝茶，肚子容易饿。1 点 10 分，茶馆已经汇聚了不少人，全部在一楼围观老严分茶。一共有六个茶要喝。老严正用茶针撬开一个紧压的沱茶，背景的古筝音乐给予茶会一种优雅缓慢的调子。不过随着来人越来越多，背景音乐逐渐被压过。

茶馆的装修装饰以中式古典风格为主。特别是一楼，圆月形的漏窗兼屏风，屋角的花架和梅瓶，墙上的工笔花鸟画，仿明式的木头桌椅。桌上、多宝阁等各处放满了主人的大小紫砂壶、青花及粉彩瓷茶具。而紧压的普洱茶无疑也是茶馆极好的装饰品。二三楼才出现了西式的沙发和茶几。平时客人来，可以选择坐在喜欢的楼层和角落，点茶聊天。这样的茶馆在昆明以及中国的主要城市里兴起，在很大程度上受到了台湾传来的"茶艺馆"的影响（Zheng，2004）。它们卖茶，同时提供给客人长时驻足休闲会友的场所。和旧时一般意义上的茶馆相比，这种茶馆最重要的特征在于精致化，这包括空间环境、售卖的茶和茶食，还有很重要的，泡茶和奉茶的方式。

三醉茶会上冲泡六个茶的方式，既是李女士平日里调教员工们泡茶奉茶的方式，同时也融入了老严专门针对这次茶会的用茶而琢磨研习过的手法。总的来说，这套方法的原型是闽粤一带的"工夫茶"，尤以广东潮州影响为大的潮州工夫茶法。它因为泡茶讲究精细、需要花费较多的时间和程序而得名，又于过去二十多年间经台湾茶人改良创新，成了后来海峡两岸所通称和实践的"茶艺"（张静红，2016；2019）。大约从90年代末开始，不少茶都开始被采用精致的茶艺方法来冲泡展示，普洱茶也不例外。一个烧水壶、一个紫砂壶、一个公道杯和数个小茶碗，便是核心组成部分。另外还有若干次重要、但都致力于让一次泡茶变得比较精致而专业的重要元素，比如茶布、茶盘、茶匙、茶则、赏茶荷、水方等（解致璋，2008）。

简言之，热水倒入放好茶的紫砂壶，浸泡一阵，然后茶汤倒入公道杯，最后从公道杯分茶到每一个小茶碗，便是泡茶的程序。听起来简单，但其实每一个细小环节的注意与否，都会影响到最后茶汤的滋味。比如，我常常听到的原则是：在茶器的选择上，烧水壶如用铁壶，被认为水会比较甜，如用银的则比较柔；泡茶的小壶的选择上，如果是乌龙类，就宜用胎薄而个小的红泥壶以提香，而普洱茶则因叶片大而需要搭配稍大的壶，尤其好多人喜欢采用具有男子气概的大石瓢壶；即便是喝茶的小茶碗，到底是偏大还是偏小，胎薄还是胎厚，都会影响茶汤入口时的滋味……

以上这些茶法，老严早已琢磨详透。对于茶会要用的六个茶，他事先尝过，并且针对每个茶的特质灵活调整了泡茶的方法，并一一交代给要泡茶的人。例如，某个茶泡的水温要稍微偏高一些，某个茶"醒茶"的时间要稍长，某个茶的第几泡在壶里要停留得短或长一些，等等。公道杯在潮州的工夫茶里并不使用，是台湾茶人的发明，其主要作用在于分茶，并保证每个人得到的茶汤滋味是均匀的。公道杯有陶的、瓷的、玻璃的。老严建议三醉茶会全部使用玻璃的，好让客人们看清茶汤的颜色。茶会的每一个茶都泡至少六泡。其中有两个茶，因为较为珍贵，在泡过六泡之后还专门用来煮，以完全释放其内质。

泡茶的是包括李女士在内的三位女茶艺师。环绕她们，分别形成三桌喝茶的客人。每一桌用的茶、泡茶的进度保持一致。

客人们可以选择在一桌长坐，喝遍六个茶，也可以手持自己的专属茶碗，游走到不同的茶桌，尝试不同茶艺师为同样的茶所带来的口感上的细微差别。

老严为茶会提供的六个茶而骄傲。三个生茶三个熟茶。第一个生茶较为年轻，但也是2001年的了。90年代的茶有好几个，有生有熟。较老的一个生茶来自1988年。最老的一个很老，"不知年"。老严决定不搞什么猜谜，而是把六个茶的产地和时间全部透露。但是提出一个条件：凡来参加茶会者，回去以后必须发表一百字的感言，特别是对这些有年份的茶的滋味的描述，以及对相应仓储环境的揣度和评判。这些感言将集中发布于三醉网站的一个帖子下面。

茶会正在进行的当下，老严和他的伙伴就已经在网站上开了一帖，对茶会的状况进行现场报道。茶馆大门处设了签到桌，桌子后面就是一台电脑。三四个人专门负责把茶会的信息不断发布到三醉网站，并时时更新。他们一会儿去茶桌边喝茶，顺便拍照，然后回电脑桌把照片和简短的文字传上去。除了这专门的三四个人，其他茶会参与者，只要是注册了三醉会员的，也可以来电脑上传他们的照片和文字。而其他远在千万里之外无法来参加茶会者，则遥遥通过跟帖发出他们的疑问如："泡到第几个茶了？"或感叹如："哇，能喝到'99绿大树'太幸福了！"或玩笑如："老严原来长得这么帅！"

除了专注喝茶之外，人人都在忙着拍照片。茶会上的茶难得一喝一见，拍下照片仿佛证明自己见证了某个重要的历史时刻。可以拍的东西很多，茶艺师的某个动作，茶馆里的摆设，尚未冲泡的干茶的形态，正在倒出的茶汤的颜色，已经用过的茶底的细节……除了手机，许多人带了专业的数码相机。茶桌边"咔嚓"声不断。有几个显见是极为专业的摄影师，他们来自本地媒体。几家主要的报纸和杂志都来人了。经得主办人同意，我带了一台小摄像机去记录整个过程。我和茶会的大多数人并不熟悉，而平日里人们面对还不熟悉的摄像机多少会有些不自然。但是今天人人忙于喝茶、会友、拍照，我的摄像机于是淹没在一次"媒体事件"之中，反而可以比较灵活自如地穿梭而不致太干扰别人。除了我，还有另一位摄像师，他是茶馆请来专门记录此次茶会过程的。我们都在拍摄别人，又彼此相互拍摄。茶会于是集古典样式与现代技术于一体，力求凸显三醉茶客想要与众不同的"工夫"。

内功较量

六个茶冲泡的程序是从新到老，生熟交替。首先泡的是2001年的"中茶黄印"，一个生茶。一楼大厅，将近二十个人围坐或站在一张大长方形茶桌旁边。女茶艺师身经百战，纵有这许多人围观，也丝毫不乱，手法娴熟地将茶汤按规定动作注入公道杯。然后把茶汤分入每个人的茶碗，大家纷纷开始尝茶。不知是因为期待和下一个茶有所比较，还是因为要喝完这第一个茶的所有泡次才能有所感觉，总之连续喝了几碗的人们，基本没有出声。古筝的背景音乐响起，大家拍照、啜茶，中规中矩。安静而认真地喝茶或许是主办者所希望的，但是如此自发的安静似乎有点出人意料，使得气氛紧张。三醉的一名主要成员、茶会的参与筹办者老魏，为了打破僵局，主动讲起他从书本和网站上所获知的关于"中茶黄印"的来历，权当本桌喝茶的配音和解说。但是他讲了一大半就没有继续下去，因为无人回应。这同三醉网站上日常争来斗去的光景大不相同。刚去发完帖、回到茶桌的老黄，觉察到此尴尬情景，鼓励老魏继续讲下去。老魏建议大家一起说，但是这个建议没能奏效。

二楼，李女士在一张茶桌上泡茶。她边泡边解释，今天泡的茶是从多个茶样中精选而出，而且都是"干仓"，没有一个是"湿仓"的。"干仓"和"湿仓"是两种仓储环境，或者更准确一点说，是两种普洱茶后发酵的方式。"干仓"指普洱茶的储存环境干净、干爽、不受潮，茶叶发生氧化及微生物化学反应的速度也相对较慢，常与"自然发酵"联系在一起，据说是台湾人带来的一种仓储概念。"湿仓"则常与"人工""人为"联系在一起，要么是储存时不小心令茶叶受了潮，要么是人为故意地让茶叶受湿、加快其发酵速度，从而产生了霉湿的气味，被认为更容易在广东和香港一带产生。一干一湿，这两种方式是正在三醉网站上、也是整个普洱茶圈子里争执不休的话题。比如，"干仓"派反对"湿仓"派，认为"湿仓"是"发霉"和"不干净"的代名词；而"湿仓"派认为，纯"干仓"意味着普洱茶藏多少年都缺乏变化，是没有前途的茶。云南人许多是"干仓"派，而李女士的解释也显然是在支持"干仓"。但她讲完之后，并没有人立即表示支持或反对。

　　老严游走于一楼到二楼的各个茶桌之间，不时地阐释他和同伴们这次择茶和泡茶的原则。他重申，每一位参加者在茶会后都必须写出百字感言。他高兴地看到，有人在刚刚喝完一口茶后就拿出笔记本来写写画画。不过老严其实希望大家在茶会上就开始说点什么。他于是主动先讲出一些自己对某款茶的体验，以唤起大家的参与。当问到好几位客人、对方的答复只是"可以"时，老严颇为沮丧："不能只是'可以'，你得要说点什么！"老严走到坐了好几位记者的一桌，希望从比较能说会道的记者们口里撬出些东西。但反应依然不大，某位记者甚至告诉老严，他有点"审美疲劳"了！没能让别人对茶发表真正的意见，老严便使出自己的绝活儿：就着在讲的话题说个笑话，稍微取笑一下别人，但是无伤大雅，引得大家开心欢笑，他也顺势就下了台阶。

　　总之，在整个茶会进行期间，敢于大声发表言论的是主办者们。其他大多数客人保持矜持，要么专心喝茶，要么安静拍照。顶多两个坐在就近的，或者之前就已经相互认识的人，会窃窃私语一阵。偶有一两个客人的三醉网名突然被众人发现，让大家把网名和真人对上了号，于是玩笑一阵。但是绝大多数客人的网名及其真实姓名和职业等，保持私密。

　　如此的安静与无争，一方面似乎在情理之中，因为它不仅发生在三醉的茶会上，更同时发生在无数的中国社交文化的情境里。在公众场合不敢发出自己的声音，怕讲错了，丢面子；怕讲多了，过于彰显；怕讲歪了，得罪别人……这是好多中国人，即便不是所有人，都有的心理。通过茶会后与部分参与者的单独谈话，并结合平日与众多喝茶人交流的心得，我发现三醉茶会上的沉默，隐含着种种曲折的特殊缘由。

普洱茶世界的行话颇多，稍不留神说错话，便会遭人耻笑。茶会上的茶不是平日轻易可以喝到的，也不是一般的生熟分类就可以搞定的。不论老魏还是老严的伴随性"注释"，并不是简单一听就可以听得懂的。但是听不明白的人觉得，在此场合追问，似乎也不相宜。听不懂可能还好，"喝不懂"则是个大事。"喝不懂"的结果一是不知道该怎样来形容茶的气味和滋味，二是从茶汤无从推知茶叶的来源、制作，更遑论储存。有的人可能自己觉得"喝懂了"，但是觉得与主办者的"注释"有所出入。比如，我在某张茶桌边曾听到有个人一边喝1994年的7572一边自言自语说："这个茶像是坐飞机来的！"他的声音并不大，但是被负责网站的老黄听到，于是替他放大声嚷嚷说："他说这个茶是坐过飞机的！""坐飞机"是个比喻，暗指这个茶不是云南仓储的，而是在广东或香港储藏过、这次空运过来。言下之意，这个茶恐怕曾经是湿仓。说话人的口音是云南某地州的，而云南人多数不喜欢湿仓。这人一听老黄把他的话放大，急忙大声说："我没说，我没说，我还在感觉！"

茶会上的茶，无论是坐飞机或乘火车和汽车来到昆明，其贡献者的名字均未被公布。但在茶会上，于无形中，主办者变成了这些茶临时的主人。就像莫斯（Mauss，1954）所描述的在毛利人之中被传递的礼物一样，"物"获得了一种灵魂，成为人之重要的一部分，一泡茶也变得不再只是它本身，而是附着了某个人能够拣选它、识别它的能力，昭示着某个人可以遇到它的运气以及展示它的勇气。借由布迪厄（Bourdieu，1984）的"文化资本"（cultural capital）来说，一个人于是可以拥有某种"茶叶资本"。因此，评说一个茶，可以变得犹如是在评说拥有它的人。而一旦批评了一个茶，多多少少便会令它的主人脸上无光，并且使得评说的人与茶的主人之间，关系陡变紧张。三醉茶会的主办者虽然号召大家畅所欲言，但是深谙"物"之灵魂与人之"资本"的茶客，在相互面对面的当儿，当然是以慎言为要了。

更何况，"喝懂茶"但是却缄口不言的人，还有另一种目的：免疫忽悠！三醉茶会力求做到与别的茶会不同，反对无益的商业忽悠，反对他们并不认同的所谓专家和权威意见，号召参与者们忠实于自己身体的感觉，真诚抒发对于茶、特别是茶的仓储的体验。但是几位参加者在后来与我的交谈中提到，三醉茶会的主办者同样在试图忽悠他们：茶都还没喝完，主人就在为自己选择的茶唱赞歌了！

因此，茶会上人们表面上彬彬有礼，彼此言语不伤和气，没有比较外显的功夫，但其实暗自较劲儿，比试内功。于是，保持沉默，既可能是怯于言说，也可能是听不懂、喝不懂而不敢言说，还可能是喝懂了但是不知该怎么言说，或是不想言说。再就是以不言说来表达一种不合作。这种种的不言说，也可以说是在茶会上没有找到一种归属感。

也有少数人是找到了归属感的。当泡到 1988 年的下关乙沱时，我发现了这一点。我是带了摄像机来拍摄的，本来已经很忙，但因为茶会的茶很珍贵，于是我常瞅个空坐在那儿喝几杯。因为又拍又喝，我的味觉和嗅觉变得不怎么灵敏。又因为拍多了静默的场景，觉得有点乏味。突然听到李女士泡茶那一桌一时之间变得有点热闹，我赶过去时，看到某杂志的主编老张正和两位朋友以较高的声调议论杯中的茶。在喝的正是下关乙沱。老张他们品评这个茶的表情和动作也比较特别：一边喝，一边面露惊喜；老张的一位朋友咽下去以后还在嘴里作咀嚼状；另一位朋友则将空杯不断放到鼻子边嗅闻，说是有"薏米香"。他们总结说：这个茶是"猛茶"，代表的是使棍棒和梭枪的"少林功夫"，而不是"太极"！这是一个正面评价。

再听下去，我才明白了这个茶令他们惊喜的原因。云南大理下关茶厂出产的沱茶，是机器生产，并素来被认为有"烘青"工艺。"烘青"不仅可以使茶叶干燥，同时还可以提香，喝起来有一股微微的烟熏味，据说和抽烟极搭。一直以来沱茶自有其形制（做成如小碗状）和销售地区（据说因畅销重庆沱江一带而得名）（不净庵，2007）。在普洱茶流行的过程中，沱茶也正式被认定为普洱茶之一种。而曾有专家提出，经过烘青工艺的沱茶长期存放其实是没有前途的，因为烘青是高温，杀死了酶活性，使得茶叶后发酵的可能性极度降低。但今天这个存放了将近二十年的下关乙沱告诉老张和他的两个朋友，烘青的茶经过时间的检验，也是有可能结出好的果子来的，即他们说的"烘青有理"。他们并不知道是谁捐献了这个茶，但是从品饮来估计，其储存环境是干仓的，这也是他们喜欢的仓储方式。总之，他们觉得，通过忠实于个人感受的品饮，他们找到了有力的驳斥"专家意见"的证据。正是因为在茶会上可以喝到自己非常欣赏的茶，并由此挑战专家——虽然提出那样看法的专家当天并不在场——他们才变得极度兴奋，忍不住要发表言论。并且老张和他的朋友赞扬李女士，说是因为她泡得好，才得以让这个茶应该有的"少林"气息充分突显。可以说，在这个时候，老张及其朋友与茶会的主办者达成了共鸣，他们于是也在茶会上找到了乐趣和自己的位置——一种认同感和归属感。

山外山

然而，像老张及他两个朋友那样找到归属感的是少数。除了一般的静默者之外，更有不少人觉得他们在茶会里根本就是错位的，多待一分钟都困难。阿邢就是这样一例。之前，我在朋友的引介下拜访过阿邢。他在家附近租了一间房，既是可以私人会客的茶室，同时还是一个茶课堂。他的教授对象主要是想学茶的小学生。他教他们如何沏泡工夫茶，还辅以监督他们背诵古诗词、练习书法。他同时也收茶、卖茶，并善于把茶制作的复杂原理深入浅出地解释给普通人听。因此在他自己的茶室兼茶教室，他是一个非常受孩童家长及来访朋友们尊敬的茶叶高人。

阿邢也在三醉网注册成为会员，不时进去发帖。三醉茶会的当天，他迟到了一小时。我见到他时，他在正门签到，然后被引上了二楼。不到一小时之后，我又撞见他，他已准备离开。他跟我小声说："待在这里根本没什么意思，过两天我也会办一次茶会，绝对要比这个好！"

　　大约一周之后，阿邢果然在他的茶室办了一个小型的茶会。我细问起他为何在三醉茶会没待多久就离开，他才诉说，那天被引上二楼后，就再没有人管他，也找不到坐的地方。后来勉强在墙角凳子坐下，却等了很久才有茶碗，然后并不是每一泡茶都能喝到；加之坐在旁边的人并不认识，也没什么好聊的。他于是决定拔脚走人。

　　在自己举办的大约只有十个人参加的茶会上，他这样阐释他对茶的理解：

> 　　我们经常说"以茶会友"。茶是为了促进人和人之间的交流的。这也是我想教给小孩子的道理。茶再昂贵，但是如果不能促进人和人之间的交流，那么不管怎么泡，我觉得喝那种茶都是没有意思的。

　　阿邢的茶会也提供了六种茶，最大的亮点是用木炭起火烧水泡茶，这是向潮州工夫茶学习的方式。并且煮水的是一把银壶。而三醉茶会面对众多参与者，使用的是快速的电子烧水器。我必须坦言，如果是像"声色茶马"所说的那样"忠实于感觉本身"的话，那么阿邢茶会上的茶总体来说可能并没有三醉茶会上的好喝，但是阿邢茶会的人较少，人们相互之间交流更充分。而阿邢作为这个茶室空间的主人和专家，其归属感和自在感更是毋庸置疑的。

　　像阿邢一样对三醉茶会感觉到强烈不认同的人还有很多。老于是另外一个典型。老于其实在普洱茶圈里知名度颇高，已经写过不少关于普洱茶历史文化的文章。在朋友老张、先前提到过的某杂志编辑的鼓动下，老于也来了三醉茶会，并受到主办方颇为殷勤的照顾。他喝了茶会上大部分的茶，但是浅尝辄止，并且还没等茶会结束就提前离开了。一个月之后，我访问了他。他说参加三醉茶会其实是一次并不愉快的经历，茶会的人们都附庸风雅，而提供的茶什么也算不了。

我读过老于写的东西，知道他是云南人，一个生茶派，或者说是一个普洱茶的自然主义者。但经过详聊，我才发现，老于所奉行的"自然主义"比我原来所理解的法则，要多许多内容。他不仅反对熟茶，而且反对大工厂、大企业和机械化的产品。也就是说，即便是像 1988 下关乙沱那样放了将近二十年的生茶，因为是大厂货，他也绝不会像他的朋友老张一样喜欢的。我问老于喝什么茶。他说他喝的都是名不见经传的生茶，小规模生产的，全手工做的，并且是知根知底的。比如，他有熟人在西双版纳，那人自己到附近茶山采、收、做，茶叶干净、制作精细，做好也不特别包装和冠名。老于喝的就是这样的茶。市场上写着"正山""古树"等字样的茶，都不入老于的法眼。他尤其憎恶那些包装花哨的礼品茶，谁要是送他那种茶，他都弃之不用。

老于还特别强调云南人对于普洱茶的贡献。他说，这一点常常是被遗漏的，而当下流行的普洱茶著述却多在强调台湾、香港和广东人给普洱茶带来的奇迹般的影响。他还指出，熟茶的诞生是离现在很近的事情，那主要是为了服务于香港广东一带的茶客，而云南人长期以来喝的，不管叫不叫普洱茶，其实是偏向生茶一类的。和老于交谈令我意识到，原来老于之所以是一个严格和纯粹的生茶派，不仅是因为"自然主义"，更是和他对于自己作为一个云南人的地方文化认同紧密联系在一起的。

有的人，根本连茶会都没有去参加，却已经不看好三醉茶会了。阿文属于这一类。我在易武做调查时就认识他。春天和秋天，他在茶山辛苦收茶，监看茶叶制作的每一个流程，直至包装好运上车。夏天和冬天，他有好些时间待在昆明家中，卖茶，和朋友分享好茶。他并没有开茶馆或茶室公然卖茶，固定的客户要买他的茶早有既定的渠道。但他在住家之外另有一间私人的房子，专门在那里招待朋友和客人喝茶。有一群密友，隔三岔五就到他那里喝茶。阿文戏称他们为他的"门客"。"门客"们都是老茶客，仰仗阿文喝到和买到好茶，有什么茶的问题，便去向阿文讨教。逐渐地，他们的口味倾向，都和阿文变得比较靠近。阿文其实也是三醉的网友，而且因为开始做茶的时间较早，"功夫"高深，几位三醉的版主也都认识并尊敬他。但是阿文根本没有在三醉茶会露面。我去他那里喝茶时问及原因。他笑说："他们那些茶，我不去就知道大概会是什么，没意思。他们就喜欢忽悠人。"

雷大哥的情形与上述人物有相同有不同。他参加了三醉茶会，并且也是三醉茶会的组织者之一。他知识丰富、做事细致，在三醉的普洱茶圈里名声不小，但是人偏安静，不像老严那么爱说话。我在易武遇到他时，他正带领一队人马收集资料。回到昆明，我曾去他昆明的家里拜访请教。他在家中客厅的一隅辟了一处可以喝茶的角落，简朴无华但装饰颇有特色，摆放的器具不显昂贵，但都是他用心收来并且时常使用的。雷大哥不定期地邀人喝茶，但是不想将之称作"茶会"。因为房间较小，他每次约来的人不会超过五个。没人来的时候，他便实验性地把家中放着的茶，不论好坏，一一试来，记下心得，并常常一人独饮至深夜。这正是："独啜曰神，二客曰胜，三四曰趣，五六曰泛，七八曰施。"① 雷大哥的准则是，不被别人忽悠，也不去忽悠别人。他有一次跟我说，喝茶的最高境界应该是"和"。三醉的茶会他参加组织了，但他无力控制其走向。他说茶会看似热闹，也没有什么争斗，表面看起来是"和"的，但是人们暗地里勾心斗角，那么喝什么茶都不快乐，不是真正的"和"。只有在自己的小角落，要么独啜，要么和少数几个好友品味，才能享受到真正的喝茶的快乐。

小结　多重茶空间

我参加了三醉茶会的全过程。五个小时，六种茶，每一种茶泡六七泡，有的还煮一道。坚持到最后的人，都很饿，在接近尾声的时候纷纷吃起点心、糖果。结束了，几个主办者留下来自我总结。李女士第一个发言，她责备老严没有尽到主办人的职责，只顾着到各个桌子吹散牛、开玩笑，没有让每个参加者自我介绍一下，以致大家彼此不熟悉、没法交流；而且到最

---

① 出自明代张源《茶录》（参见杨东甫、杨骥，2011：263）。

后，大部分参加者的身份信息还是个谜。老严也不否认，他已经太累了。不过他寄希望于网上的百字感言可以在不几天后呈现精彩，以弥补茶会现场没有多少评论和交流的缺憾。

老魏统计了一下签名册，发现签名的人数比实际到达的总人数要少得多。他总结和提出疑问说："有些人胆子太小了，签名都不敢。写个网络名也可以啊！为什么怕别人知道他是谁呢？"这应和了李女士的担心：办了半天茶会却不知道究竟谁来了谁没来。

当晚，老严在网上新发一帖，提醒参加了本次茶会的人不要忘记写下百字感言。果然如他所预期的，人们马上跟帖不断。有人信守诺言，详细写下对每一款茶的口感评论和对储藏环境的猜想，还附上对应的照片。也有人只着重对某一款茶加以点评，甚至包括对冲泡手法的意见。总体来说，人们对茶会上的六款茶给予了很大肯定。不过，并不让人意外的是，有的评价是偏负面的。比如有人对某款茶的仓储环境表示质疑，认为并不像主办者说的那么"干仓"，而是在"湿仓"过后又"去仓"（去掉霉湿的气味的方法）的，但是"仓味"依然留存。这一评论马上遇到回应和辩论。更有甚者，对六款茶给予了无情抨击，说它们都是"垃圾"。这一下不打紧，这位帖主立刻招致无数反击，被要求说出他认为的好茶的标准到底是什么……因为使用网名，评论者和还击者可能并不知道对方是谁，或者实际相互认识但是佯装不知。总之因为不是面对面，对话者都变得非常无畏。唇枪舌剑几百回合，一下子烽烟顿起，和那个看起来温温和和的茶会相去甚远。

　　本章涉及几重茶叶空间：第一，普洱茶被储存的空间。这本来是茶会要讨论的核心议题，并被认为是解救普洱茶市场于水火的关键。但是后来因为种种原因，这一议题似乎被放置到了无关紧要的地位。第二，茶会茶馆的空间。这是主办者想要汇聚群雄、让大家和平交手，并且免疫该茶会以外的其他"忽悠"人的观点的地方。汇聚是有了，交手表面无，但是人们暗较内功。有人找到了归属感，而有人一直在错位并且认为被忽悠。于是，有了由若干分空间所构成的第三重空间。第三 A、三 B、三 C 等等，即若干分茶会、私人茶室、茶角落不断被开辟，以抵制来自第二空间的忽悠，重建自我存在感。而在第四空间，网络空间，人们戴上面具，更忠实于自己身体的感觉，但也因此而使这一空间充满最浓的硝烟味，成为战场。第四空间本来只是现实茶会的一个辅助空间，但是其重要性和真实性最后反而变得更为重要。而就在这样的网络论坛之后不几年，中国茶客们用上了微博、微信……一发而不可收，原来只是作为辅助性的虚拟空间如今在现实生活中尽唱主角。在前面这四重空间之外，更有第五——一个根本性和决定性的空间：人的象征性身份空间。这是一个抽象空间，是一个人在长期的生活中为社会文化所塑造，并且时时在更新建构的身份认同空间。本章案例所讲的茶会，发生在一个小小的物理空间即茶馆，但是进入这个空间的每个个体，却又携带其本身充满抽象意义的社会和文化空间而来，人与人聚集、冲突、离合。好几位我的报告人用这句话来阐释他们喜欢或不喜欢一次茶会的根本理由："我的气场同那里合得来，茶就好喝；合不来，就不好喝。"

　　茶会里不同个体之间为身份建构而进行的划分，在某种程度上可以是布迪厄（Bourdieu，1984）所讲的"区隔"，每个个体都带有不同的社会和文化资本（social capital and cultural capital）。但如同本书在导论里已经提及的，布迪厄所讨论的这一系列概念并不完全适用于普洱茶所处的中国社会文化情境。参加一场茶会的人们固然有贫富、教育和家庭背景的差异，但却很难以社会阶层来清楚划分。就像江湖侠客也不是由固定的阶层序列所构成，而更多是因为不同的秉性脾气、志向理想而物以类聚、人以群分。而我的报告人所用的"气场"这个词，或许可以更传神地指代不同的普洱茶客彼此之间的独特性与关联性。

　　在本章案例中，大茶会之外另有众多小茶会。小茶会力求超越大茶会，不同的小茶会之间，又力求各自彰显其独特，这是"区隔"。但是，这些不同场域之间区隔的形成，又是以它们彼此之间无时不在的紧密关联和相互映照为前提的。也就是说，一个茶客之建立其具有独特和区隔意义的身份空间，实质是为了构置某种展示，和另一群茶客形成某种不可言说的比较及竞争。这便形成了一种渐进式的超越机制或鄙视链：甲要超越乙，丙要超越甲和乙，而丁要超越甲乙丙……恰如陈平原（1997：176）在论及金庸的《笑傲江湖》时所说的："……另一个世界也不怎么纯洁，另一套规则也不怎么完美，真正的大侠不只需要退出'官府世界'，而且需要退出'江湖世界'，岂不更发人深思？"

第八章　他乡味道

从大珠三角到云南

2007年12月，我的香港朋友阿麦来访昆明。在此之前，经人介绍，我第一次见到阿麦是在香港。听说我在撰写普洱茶的论文，他非常热心地带我去体验普洱茶在香港人日常生活中的作用，拜访香港重要的茶人等。等他2007年冬天来到昆明，我们又一起去和共同认识的做茶喝茶的朋友会面。这是在普洱茶市场发生滑坡以后半年多。阿麦也是三醉斋友，还没来前就联系上了几位昆明茶友，说好一起喝茶。普洱茶市场还模糊不清，以茶会友成为大家相互探讨切磋的良好契机。阿麦不是商人，却是一个资深老茶客，在三醉网上极为活跃，并因为常常极富正义感地"拍砖头"（以言语批评打击他者）、揭穿各种欺诈伪善之举而赢得了良好口碑。昆明的三醉茶友热情招待了他。

几次在茶桌旁喝茶切磋并发生诸多故事之后，阿麦和我都突然意识到，香港人，或者更广地说是大珠三角的人，和云南人所喝的普洱茶，以及喝的习惯，原来是如此不同。跳出以前从书本、市场和其他报告人口中所了解的普洱茶分类和历史，我突然经由阿麦的移动——从大珠三角到云南的移动——获得了关于普洱茶"社会生命史"的新的认识。在关于普洱茶传播和运输的历史叙述中，滇藏线因其路程艰险一直被予以更多的关注，并引发了"茶马古道"的命名；曾经从云南通过内陆向清王室进献贡茶的线路及运茶方式，也在普洱茶扬名的过程中被一再强调乃至搬演（见第三章）；而另一条引起了普洱茶近三四十年来生命史变迁，包括导致普洱茶生产和分类方式产生重要改变的通道却长期以来被人忽略了，这就是大珠三角和云南之间的普洱茶物流。

阿帕杜莱（Appadurai，1996）提出，与其关注商品的交换形式，不如关注商品本身的"社会生命史"，才能更好地理解商品的流通。他认为，商品物件因流动而具有打破原有价格、契约等既定框架的趋势，而这种突破性的张力正是理解物之社会生命政治的关键。物品从一地流向另一地，在到达消费地后其消费方式、意义等均发生涵化和流变，这是已有物质和饮食文化研究多有论述过的（Watson，1997；Miller，1997；Wu and Tan，2001）。本章案例的特别性在于不仅涉及到普洱茶流向消费地大珠三角后获得的新的饮用方式和意义，同时更牵涉到"回流"的问题，即普洱茶在大珠三角获得的新型定义和消费方式在回转到其故乡云南以后又引发了一系列的震荡。而这些震荡发生在原产地的经济文化正在朝"发展"和"现代化"迈进的社会大背景之下。因此本章将阿帕杜莱所讲的突破性的张力具化为商品的生产地和消费地之间跨时空的互动，并且特别强调生产地因新时期地方文化"自我表述"需要而赋予商品多重定义的声音及愿望。

和第七章类似，茶馆是本章民族志的主要观察点。但区别于第七章侧重于通过茶馆茶会探讨个体身份认同及人际权力纠葛的是，本章力求通过茶馆民族志更进一步透视大的地域空间和群体在普洱茶跨时空的流动中所产生的你来我往，以及这种互动所带来的普洱茶迂回曲折的"社会生命史"。

"暖"和"寒"

阿麦在昆明的第一站、也是后来在昆明期间最常去的地方，是三醉网友红土（网名）开的茶店。阿麦之前并未见过红土，但通过网上言论，已经看出红土是一个云南地方文化的捍卫者。曾有人在三醉网上发帖说"普洱茶不需要云南人"，大意是讲虽然普洱茶产在云南，但是云南人对于普洱茶根本没有充分的了解和贡献。这样的帖子遭到红土的激烈反驳，他跟帖不断，列举历史上云南民族与茶的诸多关联。红土之捍卫云南地方文化的坚决，其实从他所选择的网名已经可以看出："红土"是云南土地的颜色，云南人以拥有红土蓝天为骄傲。

坐下不久，红土就拿出他最珍爱的茶之一来招待阿麦。这是一个在昆明已经自然存放快十年的勐库生茶。勐库位于云南西南部的临沧，所产普洱茶的声名和价格正不断攀升，日渐盖过易武、勐海。在红土看来，易武茶柔弱无力没意思，勐海茶有的勉强过得去，而只有勐库茶才显霸气，是茶中之王。

在座喝茶的一共五个人，除了红土、阿麦和我，还有另外两个红土的常客，他们和红土一样，是勐库茶的粉丝。在易武待过较长时间的我，习惯了易武茶的柔顺温润，觉得眼前这个勐库茶难以下咽：它过于刚直，入口毫无回旋之地，生津固然好，然而口感不够细腻。但是在座三个勐库粉丝，连连赞叹。我突然意识到，其实不管茶叶到底是柔顺还是霸气，易武派和勐库派用来标榜自己优点的话语格式其实是大同小异的，双方都会说："易武茶/勐库茶是普洱茶的一面旗帜"，或者"如果要想认识普洱茶，你必须要先喝懂易武茶/勐库茶！"

阿麦虽然也承认这个勐库茶底子不错，但却没有像红土他们一样地唱高调。对他而言，更迫切的问题并不在于茶的产地山头的不同，而是储藏地的区别。这个茶虽然在昆明已经藏了十年，但是对他来讲依然太生了！红土有点愕然，十年不算短了啊！但是阿麦说，他喝过在香港一带放过十年的生茶，要更滑，而眼前这个茶入口依然还很涩。昆明比较干燥，香港比较湿润，这是大家公认的，所以显然在同样的时长里，茶的转化力度不一。但究竟什么才是滑呢？阿麦列举了若干种粤菜的味道，以说明"滑"是大珠三角一带的人们在饮食方面非常看重的一个标准。看我们几个云南人还是不得要领，他绞尽脑汁，最后想出一个我们尝过、可以理解、也可以进一步想象和类比的东西：老火汤！粤式的老火汤，经小火长时慢炖，将肉骨和草本药材的精华熬入汤里，入口甘甜顺滑，不同的老火汤被认为具有不同的食疗功效。阿麦说，对于重视养生的粤人来说，正是"滑"的饮品，才是具有正面食疗功效的，好的普洱茶就要像好的老火汤一样，咽下去时顺滑可口；入口生涩的，则会让人心生畏惧。阿麦还说，在某种程度上，"滑"是和中医所讲的"暖"相匹配的，而"生涩"则与"寒"差不多；转化达到"滑"的口感的茶，才能让身体舒服，而太涩太生的茶则会让身体受损。

阿麦所说让我想起之前在易武时遇到的两个广东人。那是春天，大家在某个当地人家喝当季才产的生毛茶。这两个广东人才喝了一两小杯，就请求主人家冲泡再淡些，因为他们觉得这个生茶太猛，让他们的心脏怦怦直跳。主人于是泡淡许多，但这两个广东朋友还是不敢多喝，不久就拿出自行携带的一个有点年份的普洱，请大家对比尝试。不过有意思的是，他们临走还是买了不少主人家的生茶。虽然心脏剧跳，但浅尝辄止还是让他们嗅到了这个生猛之茶可能良好的未来发展前景，他们于是愿意耐心等候，期待依靠时间和空间的转换来让茶叶由生变熟、由寒转暖。

阿麦是个久经沙场的老茶客，红土的勐库茶倒并没有让他感觉哪儿不舒服，但是如同我在易武遇到的两个广东人一样，他也拿出了一个自身携带的更老的茶准备泡给大家喝。这是一个在香港已经存放二十五年之久的竹筒生茶，可能是西双版纳出产。阿麦亲自冲泡，想借此说明什么是他喜欢的茶。这个茶的汤色比之前的勐库茶更显深红，显然茶的内含物质发生了更大的转化。喝了一泡，无人说话。红土在反复地闻、喝以及长长的沉默之后说，这回轮到他觉得难以评价了：这个茶的气味，他只能用"特别"两个字来说，但具体是什么气味，一时间形容不出。套用阿麦方才的话，红土觉得这个茶入口很滑，但坦诚而言，他觉得咽下之后没有什么生津和回甘，而生津和回甘是他觉得好的普洱茶必须具备的条件。其他两个客人也觉得这个茶绝不难喝，并极力发掘这个茶的特殊所在，但是显然，他们认为这个茶根本不是第一个勐库茶的对手。

云南的普洱茶客，有相当一部分是像红土和他朋友这样的生茶派兼山头派，即喜欢产自云南某一个固定区域的生茶，他们排斥其他区域的茶，也不怎么喝人工发酵的熟茶。在"越陈越香"概念的影响之下，他们也逐渐倾向于品饮存放经年而不是才出产的新茶，但是一则云南人存茶的时间并不长，二则他们对所谓"老茶"之"老"的要求并不像大珠三角的人一般，因此可以说，他们经常喝的茶其实还是偏"生"的。在仓储环境上，他们更偏向于"干仓"，即在绝不潮湿的气候环境里自然存放出来的茶。而大珠三角一带的茶客如阿麦，常喝的却是在他们那一带存放至少五年以上、达到了滑和暖的感觉和效果的茶。这正体现了饮食人类学所说的"集体口味倾向"（collective taste preferences），或者说是由某种文化地域所界定的"标准口味"（standard taste）。这种倾向由一群生活在同样的自然与文化环境中的人所共享，并成为他们判断是否可以接受其他口味的标准（Ozeki，2008：144–145）。

在仓储方面，不断有茶叶专家指出，普洱茶的后发酵需要适当的温度和湿度，过低的气温和过于干燥的环境，都无法促成有效的陈化（不净庵，2007）。广东香港一带气候潮湿，被认为更有利于普洱茶的后期存放，只要不致过度受潮而产生霉变即可。正是基于类似的说法，才有人在三醉网上发表了后来招致红土反对的言论，该言论说云南虽然产茶，但却并不适合存茶，云南人于存茶方面也是小儿科，根本不懂，等等。

在昆明待了大约一周以后，阿麦生了点儿小病。12月的昆明阳光温暖，不过早晚温差较大，阿麦不小心感冒了，还咳嗽。有一天和几个茶友一起吃饭后还呕吐，全身酸痛，像是肠胃型感冒。那一餐吃的是傣味，阿麦领教了几个云南朋友是如何地能吃辣。好几道菜里都放了小米辣，一种傣家菜常用的辣椒。红土尽管辣得脸红出汗，却似乎颇为享受、伸筷不断。另一个参加吃饭的雷大哥，则吃得面不改色心不跳。阿麦一开始还出于客气和礼貌，每一道菜都尝一尝，后来发现不对劲儿了，就拣没有辣椒的地方夹菜。然而小米辣被切得细碎，和其他原料混杂于一盘菜中，难于完全避免。阿麦吃得极为狼狈，用去许多纸巾。

稍微恢复几天过后，阿麦才再次去红土茶店喝茶。讲起生病，阿麦认为自己是水土不服，香港湿润而昆明干燥，差别很大。在朋友们的追问之下，他承认他可能犯了一个错误：到了昆明，还保持着像在香港一样每天用凉水洗澡的习惯。昆明朋友们纷纷摇头批评，在昆明是少有人会这样做的，极易导致寒气入侵身体。

能吃辣的雷大哥其实不久前刚去广州待了一阵，他用他的例子反证了阿麦的遭遇。初到广州时，雷大哥很不习惯当地的饮食。粤菜虽然有名，但是天天吃，雷大哥便觉得很油腻，而且没有辣椒，就等于没了下饭菜。当地朋友招待的普洱茶，他也很不喜欢，红黑深色，气息浓烈，总仿佛在喝中药一般。说到这里的时候，红土我们几个都笑了：阿麦几日前泡的那个二十五年的"港仓"茶其实就像中药味，大家只是不好意思说出来，因为觉得用"药"来形容茶，似乎不大礼貌。但雷大哥说，奇怪的是，在广州待过一阵子以后他发现，吃了当地粤菜后，慢慢地他愿意接受去喝那像中药一样的普洱茶了；再然后，喝了许多这样的茶之后，他发现饭菜突然变得可口了不少。他结论说：像中药一样的普洱茶和粤菜也许是一对绝配！

阿麦边听边点头。他和雷大哥的例子，结合起来正好有力地说明了为什么说一方水土一方人，为什么必须入乡随俗，以及为什么需要换位思考。当把云南和大珠三角的情形并置起来，大家才发现，其实根本无法绝对地宣称哪一方的普洱茶是最真最好的；谁是最真和最好必须放在一个具体的饮食文化空间里才能被确定。当阿麦从香港移动到云南，他才发现所谓普洱茶的"真实性"也跟着一起移动了。

"普洱绿茶"

不止地域变动带来了普洱茶"真实性"的变化，即便在同一地方，因为时间段的不同，普洱茶的身份也可能变得大相径庭。这从某一天红土泡给大家喝的"普洱绿茶"上明显可见。当天在座除了红土、阿麦和我，还来了另一位三醉网友老李。

老李也在昆明开茶店，和阿麦在网上神交已久。红土决定泡一个他有时夜深人静一人独坐时才喝的茶。这个茶在昆明放了十五年了，是个散茶，包装还留着。我们一看，上写"普洱绿茶，春蕊"。熟知过去云南茶叶等级标准的老李说，"春蕊"证明这个茶的芽叶等级是最好的，是春茶，但这是一个对于绿茶的标准。看来，这个茶之有趣，乃在于它占了两种身份：又是普洱，又是绿茶。

如前面几章讲的，中国茶学界过去、包括现在，都将普洱茶归类为六大茶类之中的黑茶。但当普洱茶于 21 世纪初异军突起之时，云南的不少茶专家倾向于将普洱茶从黑茶中分离出来，列为第七类茶。此举遭到其他地方茶学界的反对。实际上，除了普洱茶和黑茶的界限论争之外，普洱茶和绿茶的身份之辨是又一个棘手的问题。如果是在 2000 年之前，红土的这个茶显然是被认作云南绿茶的，或者，那时人们少有关心普洱茶、绿茶、黑茶之间的区别。但是到了二零零几年以后，什么是什么突然变得无比重要了，这直接关系到经济利益。如果"普洱绿茶"被认定为绿茶，那么一个摆放了十五年的绿茶显然已经是一堆垃圾了；但若它被认定为普洱茶，则许多人会觉得它价值可贵，而且还将"越陈越香"。

不管它是什么，红土开泡给大家试喝。这个茶入口的涩感十分明显，没有阿麦二十五年的茶那么滑，没有红土十年的勐库茶那样的留甘，也没有日常绿茶那般的新鲜甜爽。红土之所以有时选择这个茶在深夜独啜，似乎更多是出于某种怀旧。而老李说，他现在觉得要同意一位专家的观点了。这位专家是前云南省茶叶协会会长邹先生，曾为普洱茶著书写文不少，他的一个观点是，普洱茶不适宜用细嫩的芽叶来制作，反倒是壮实而粗老的叶杆做成的，才更有利于后期的陈化（邹家驹，2004：90；2005：133）。邹先生的这一看法有人反对，而他的另一观点更为旗帜鲜明，招致了更多人的反击。此一观点认为，还没有经过足够后发酵的生茶，不能算作真正的普洱茶，其实相当于绿茶。他把这样的茶比喻为还没有煮熟的"米"，而与之相对的是"饭"——真正的普洱茶。"饭"既包括经过长时自然发酵的老生茶，也包括经由人工渥堆方式而得的熟茶（邹家驹，2004：4；2005：109；郭宇宽，2007b：38-39）。

邹先生在云南省茶叶进出口公司工作过较长时间，对普洱茶的制作过程，特别是渥堆发酵技术知之甚多，也在工作中对云南和广东两地的茶叶物流、贸易及制茶技术交流有较深的了解。基于过往经验，他成为鼎力推崇渥堆发酵技术的云南茶叶专家。我在昆明采访过他一次，发现他的饮食习惯也是和"饭"紧密联系在一起的。我们面谈时，他一直泡给我喝的，是他自己公司制作的熟茶。后来我们午饭时去吃一家附近有名的土鸡米线，那家店有两种米线可选：一种细米线，云南也称干浆米线；另一种粗米线，也称酸浆米线。我选择了细米线，这家店较有名的也是细米线。但邹先生选择了粗米线。我稍微有点奇怪，问他为什么。他的回答，和他对普洱茶的选择是一致的：细米线没有发酵过，而粗米线发酵过，对肠胃更好。

如前所述，云南有一部分喝茶人属于生茶派，如红土等。但也有一部分人属于熟茶派，像邹先生。后者就像大珠三角的人一样，觉得生茶生寒，对身体无益，而只有熟茶，温暖滑润，对身体，特别是肠胃有益。并且，像邹先生一样具有专业茶学知识及经验的人，特别强调普洱茶的"后发酵"，即茶的氧化反应或微生物化学反应。他们同意把经过长时间自然陈化的茶归入普洱茶，但是那样的茶毕竟稀少，无论老茶也好、储藏经验也罢，都不在茶学界专家们的掌控之中，而渥堆发酵，本来就是茶学界专家们从一早开始就领先掌握的技术。因此，渥堆后发酵自然成为他们所强调的普洱茶应该具备的制作环节，并被认为是茶叶制作历史上的一次创新（刘勤晋，2005；徐亚和，2006；周红杰，2004；邹家驹，2004；阮殿蓉，2005a）。

但熟茶派的反对者不少，这包括那些并不熟悉熟茶制作技术的茶叶生产者，手中有许多生茶在等待买卖流通的经销商，还有口味上已经固守于生茶那里、不愿轻易改变的消费者。有不少反对者说，邹先生的观点把云南普洱茶的历史大大缩短了，因为渥堆发酵技术 1973 年才诞生，而大部分云南人之前喝的茶都不是有什么后发酵的，如果按照邹先生的说法，那些茶都不算普洱茶了吗？（高发倡，2009：193 - 194）

"普洱绿茶"的存在，以及有关"米"和"饭"的争论，说明了普洱茶历时身份的复杂与多变。不同地方的人争来辩去，但可能最后发现，彼此在讲的普洱茶，并不是一回事。在田野调查中，我经常问我的采访对象一个问题："你是什么时候开始喝普洱茶的？"如果是云南人，有较早经验的人会回答说，大约是 20 世纪 90 年代末期；晚一点的，则是二零零几年。但是极少云南人会说他是 20 世纪 90 年代以前就在喝普洱茶的。这至少表明一点：云南人关于普洱茶的概念，在 20 世纪 90 年代以前，是并不清晰的。但如果这个问题是在香港，答案却不同了，好几位香港的采访对象，面对此问题一时不知如何回答。好多人说，他们一直都在喝普洱茶。有一位我在喝早茶时遇到的八十多岁的老人家告诉我说，据他所知，还在他没有出生以前，他的祖父就已经在喝普洱茶了。

红土茶馆在座的人当中，阿麦和老李同岁，2007 年时都是五十出头。两人都宣称已喝普洱茶多年。但是当把陪伴两人成长的普洱茶放在时间线上并列比较，便发现了种种不同。阿麦一直以来在香港喝到的普洱茶，要么是人工渥堆发酵的熟茶，要么是在香港陈放经年的老生茶，总之都是"饭"。"饭"是在什么条件下产生的呢？如本书导论所述，普洱茶之产生后发酵的由来，其中一说近乎传奇，说是在马帮长途运输中偶然发现的，也称"自然发酵"；另一说是广东人和香港人因为饮食习惯的需要而发明；此外亦有认为云南先于珠三角早就出现了或有意或无意而为的发酵。阿麦和老李觉得，各种说法如果合并起来，可能更有道理。

我后来通过文献综合分析以及在香港的采访得知：广东、香港一带至迟在民国初（20 世纪早期）已经开始消费云南的普洱茶了。在没有现代交通的年代，运输需要好几个月的时间，即便没有彻底发生马背上的自然发酵，但等茶叶到达目的地时，口味已经没有才出产时那么生鲜强劲。但到了 20 世纪50 至 70 年代，云南产的普洱茶运到香港时，却因为被发现口味偏生而屡遭当地消费者的抵制。一个重要的变化是，此一时期从云南发往香港的普洱茶是通过铁路和公路运输的，原来需要几个月才能完成的运输变成了几天。这时有人在广东和香港发明了一种"发水"的方法，即在较生的茶上适当喷洒一些水，通过改变湿度以及温度的方式来促使茶叶的熟成，有的甚至还在云南茶料的基础上混进了广东本地的茶原料。面临种种压力之际，云南茶厂这边派人去广东和香港学习了"发水"的方法，并在此基础上进一步完善，成就了于 1973 年在昆明正式出炉的渥堆发酵方法（此外还有人提出，普洱茶的渥堆发酵也从湖南黑茶的制作中吸取了经验）。总之，原来自然熟成需要好几年才能达到的效果，一下子变得只需要两三个月就能做到了（云南茶叶进出口公司，1993；周红杰，2004；邹家驹，2004）。香港以及大珠三角一带对普洱茶口味的需求，也从此更加固守为"饭"。

云南的消费情形，却较为复杂。作为产茶地，它一方面得适应外面消费地、如大珠三角一带对"饭"的需求，但另一方面却还必须顾及云南本地的实际。即便在发明了渥堆发酵之后，熟茶更多地还是用于供应外面市场，而云南本省人则在相当长的一段时间里，保守着"米"的习惯。老李出生于 20 世纪 50 年代，在他成长的年代，到 20 世纪 90 年代以前，大部分时间接触到的都是云南的绿茶。要么像中国其他许多地方的绿茶一样因地命名，于是有了不同的云南地方特色绿茶，例如墨江银针、耿马蒸酶、大渡岗绿茶（也称岗绿）等。要么更专业一点，因加工方式、特别是干燥方式的不同，分为烘青、晒青和蒸青绿茶。其中烘青云南绿茶也称"滇绿"，晒青云南绿茶也称"滇

青"。而邹先生所说的"米"，即尚未后发酵的生普，即相当于
"滇青"，而普洱茶的原料正是"大叶种晒青毛茶"。老李说，
那时云南人没有一个清楚的普洱茶的概念。在一般人的概念
里，认为做成紧压形的茶就是普洱茶；散茶有时或许被认为是
普洱茶，但更多时候被叫作绿茶。老李觉得，红土的"普洱绿
茶"就是那样一个概念模糊时期的产物，而它之所以被留到现
在，应该也不是因为有"普洱"两字，而更多是无意而为之
吧！因为不管它是绿茶还是普洱茶，云南人原先并没有存茶的
意识啊！

即便是 1973 年渥堆发酵被发明了之后，像大多数云南人一
样，老李也没有机会马上见识到熟茶。这愈发证明了，熟茶的
生产并不是为了本地，而是"鉴于国际市场的需要"（云南茶叶
进出口公司，1993），即面向香港和澳门，一方面，那里需要普
洱茶，另一方面，普洱茶到达港澳后才可以进一步转口东南亚
以及欧洲市场（云南茶叶进出口公司，1993：160）。直到 20 世
纪 90 年代末，老李才有机会第一次喝到熟普（也有人说是 90
年代中期）。第一次喝，他觉得那茶是"发霉"的，也搞不清楚
到底是什么新品种。慢慢多次接触，并在某些专家的"指导"
下，他接受了这种茶的味道、还有它"暖胃"的功效，并通过
越来越多的介绍了解到，这是普洱茶。

为什么到 90 年代中后期，熟茶才进入云南人的视野呢？众
所周知的是，20 世纪 90 年代时候，中国继改革开放以后又迎来
了新一轮的经济快速发展。作为中国西部省份的云南，在国家
政策影响之下也于 90 年代开启了西部大开发。云南的旅游、云

南面向东南亚的贸易和文化交流也是在那个时期有了新的进展。我访问过一位导游,他回忆 1996—1997 年带顾客在云南购物时,普洱茶就是其中一种重要的"土特产",但那种普洱茶其实是熟茶。这实际上是香港、台湾(台湾又从香港购得普洱茶)消费品种和消费方式向内地的回流。在这个潮流中,不少云南人才突然意识到,在港台一带消费甚广的带有"霉味"的茶其实是云南的土特产。也就是说,在这个时期,普洱茶被等同于熟茶,即"饭";而"米"在这个时期,还只是被算作一种晒青绿茶。

老李记得,在他第一次喝到熟茶大约四五年之后,也就是 21 世纪初,市场上突然出现了普洱生茶和熟茶的区分。"滇青"摇身一变,正式跻身普洱茶的行列,被称为生普,并大都做成紧压形制。市场广告告诉人们,生普和熟普都可以存放多年以后再喝。第三章已经提到,生茶的出现,可以说是地方与茶商的合力,生茶被纳入普洱茶后,云南普洱茶的产量大幅度提高了(唐建光、郇丽、王寻,2007a;唐建光、郇丽、王寻,2007b)。熟茶的制作需要专业的技术与投资,生茶由普通的做茶人家就可完成,生茶的自然发酵则可以留给消费者自己去摸索。也就是说,做"饭"比较花费功夫和成本,而"米"则比较容易供应。将生茶纳入普洱茶,一方面迎合了云南人原来的绿茶口味,另一方面也与台湾人的倡导有着密不可分的关系。

台湾早期是从香港购得普洱茶。我在台湾的多名报告人第一次喝到熟茶时的反应和云南人相似,都觉得有股霉味,于是将这种茶称为"臭哺茶"。如第一章所述,台湾的一批资深茶人进而发现了陈放过的老生茶的价值，于是去往云南产茶地购买更多的生茶，希望生茶在时间的作用下有朝一日变得像宝贵的老生茶一般。有关普洱茶的著作纷纷出现，云南和台湾作者都倾向于赞颂生茶，认为它更利于健康，赋予生茶更正面的文化意义；而熟茶则在传言中不时被给予负面形象，许多人因为对渥堆发酵过程怀有成见，于是常说熟茶脏、喝了会生病，等等。

普洱生茶和熟茶之间的争斗一直没有停歇。同样就健康意义而言，邹先生等熟茶的倡导者不断提出，恰恰是经过了后发酵的熟茶才包含对人体有益的元素，尤其对胃肠有益；而没有经过后发酵的生茶是生寒的，喝多了人的身体才会出现问题（刘勤晋，2005；周红杰，2004；2007；邹家驹，2004；2005）。

生茶派和熟茶派所共享的意见是，两种茶都可以长期存放，所谓"越陈越香"。如果有谁还像过去对待云南绿茶一样，一两年就丢弃，那么他便被认为是傻子了。

"越陈越香？"

在昆明停留多日以后，阿麦变得对生茶越来越有感觉。尤其是在云南冬天晒着太阳的日子，阿麦总觉得想来一口生茶，而不是熟茶。某天下午，我和阿麦应约去雷大哥家。如第七章所述，雷大哥并不办什么茶会，但是喜欢在家中一隅邀约两三好友喝茶尽兴。这天下午比较特殊的是，我们准备喝一系列全部产自易武的茶。雷大哥手中有一个完整的易武系列，从 2002 年到 2007 年的。我也带了一饼易武 2002。那是我第一次去到易武时，在当地人的指导下自己手作的。这饼茶是我的宝贝，只偶尔和家人一起喝过两次。那两次喝时，总觉得还比较生，于是便小心保存下来。

雷大哥觉得，我的这饼 2002 比他的 2002 还要"正宗"，建议先试试。我小心翼翼地打开棉纸，请大家先看外形。茶饼有点椭圆，边缘差不多和中心一样厚，如果就形状而言可以说是一个次品。我那时不是、现在也不是一个称职的揉茶工和压茶师。而现如今易武乃至所有云南产区的普洱茶，不论机器还是手工，都制作得越来越精良：茶饼一定浑圆；从茶饼边缘到中心，逐渐增厚，形成一条"龙脊"；茶饼的底部中心有一个凹，同样必须是圆的，棉纸包裹后打个结，就束在那里。不过，手工制作的不规则可能意味着另一种"真实"吧，雷大哥和阿麦安慰我。我初到易武时，易武的普洱茶还没有大的声响，但到了 2007 年时，2002 年的易武普洱茶在市场上已经卖到一饼（357 克）3000 元以上了！我的这一饼，我清楚地记得，只花了10 元。那时还并没有清楚的大树茶和台地茶的区别。

我交给雷大哥来泡，他是泡茶的能手，加上这里是他的家，他熟悉一切器具。雷大哥小心地从茶饼上分茶，选了一个大小合适的盖碗，开始专注地冲泡。第一泡出汤了，我们满怀期待地认真品尝。却没有人说话，大家显然有点纳闷，对尝到的滋味满腹疑虑。雷大哥调整了水温，更审慎地开始第二泡。还是没有清楚的意见。第三泡喝完，我作为茶的主人，终于忍不住下结论说，这茶还非常涩口，甚至比我一两年前和家人喝时还要涩口。阿麦和雷大哥也同意。不过雷大哥说，有一股干梅子香，兴许这茶还正在转化过程中呢！

我的2002，我们喝到第五泡止，然后开始喝雷大哥的2002易武作为比较。这个茶有更明显的梅子香，可能是雷大哥的特殊保存方式所致。我的茶只是用原来的棉纸包好不动，放在柜子里。而雷大哥在原有棉纸的基础上，还又套了一个牛皮纸袋。不过我们都一致觉得，这个茶也很涩。

接下来雷大哥开始泡他的2003易武。这是还没有蒸压成饼的散茶。一般认为散茶因为接触空气面积较多，发生转化的可能性要比紧压茶更大。这个茶喝来要比前两个都略甜和滑，但是远没有达到阿麦所讲的"滑"。而且如果不是因为有前面两个涩味明显的茶作比较，恐怕这个茶也是不能让人满意的。雷大哥和我一样，小心保存着他所有的茶，一部分放在他自己住处，一部分存在他父母家中，都在昆明。前不久他去广东一带，不断有当地朋友"忽悠"他说，茶不能存在昆明，太干，还是要存在大珠三角一带才有转化。今天接连喝了几个存在昆明的茶，看来都不怎么让人满意，这令他不得不开始重新思考到底怎样存茶。不过他觉得不能一下子把"大珠三角存茶说"到处散播，特别如果遇到像红土那样的人，他这么说肯定会被"拍砖头"的。

然后泡了雷大哥的2004易武。比2003易武只稍甜滑一点，差别不很大。

最后，雷大哥泡了他这个春天（2007年）刚从易武买的茶。

这是今天最年轻的一个茶，距离才出产时显然基本没有多大变化，但是最让大家惊喜连连。我才尝一口，就觉得仿佛回到了易武：花蜜香明显，水路细软，冰糖甜压过轻微的涩苦，回甘生津不断，显然是个较好的易武大树茶。我自然是对易武茶情有独钟的，正宗可辨的易武茶总是令我立马心明眼亮。阿麦和雷大哥虽然没有我对易武茶那么钟爱，但也都承认这个茶的优秀，并且一致觉得这个茶比起之前的所有茶来说都更加令人愉悦。阿麦之前听闻过三醉版主老严评价好的易武茶时曾用"清泉"一词，当时颇为不解，但现在从这个当年的易武春茶身上好像体会到了。而且有意思的是，虽说生茶总体被认为比较生寒，但今天这个春天的易武大树生茶却并没有让我们有这样的感觉。雷大哥自己收的茶，知道出处，他证明这是一个春天的易武大树茶，制作精良。

喝完以上这五个茶，阿麦、雷大哥和我面面相觑，难道我们今天的结论是"越新越香"吗？要知道市场上在讲的可都是"越陈越香"啊！今天的尝试，虽然并不能完全下结论说，2002或2003等年份的那些茶再继续存下去不会变好，因为结果应由时间慢慢揭晓。但是假如一味地提倡"越陈越香"，是不是太过于盲目自信呢？有多少人买了新茶以后，通过若干年的储存，能保证达到像贵比黄金的"同庆""宋聘"那样的滋味和价值呢？正在存茶的人们，有多少是在盲目乐观、自欺欺人或者摸着石头过河呢？如果一饼茶的原料本来就不佳，还值得人们花费若干时间和空间去等待它的转化吗？会有转化吗？要怎样存放？要存放在怎样的环境之下，才能有利于正面的陈化呢？

雷大哥觉得，今天的喝茶至少说明，"越陈越香"不是绝对的，有的茶，兴许最香的时候正是它比较年轻之际；而不可否认，有的茶初尝不好喝，或可通过陈放而获得改变，然而关键在于如何陈放、在怎样的环境下陈放。阿麦觉得，"越陈越香"又恰恰正是云南人的软肋，因为云南人没有自己存下来的老茶，那么假如某些茶——即便不是全部——可以"越新越香"，这可不可以在某种程度上助云南人一臂之力呢？众所周知的是，在2007年春夏普洱茶市场发生滑坡之际，有一种说法是，广东存着的茶，再喝八年也喝不完，言下之意是普洱茶不需要云南人也可以。这句话引起过云南产茶地的恐慌。但如果新茶、特别是品质优良没有生寒之感的新茶，可以赢得人们的喜爱，那么云南普洱茶的前景会不会因此而变得更广阔一点呢？

不几天后阿麦见到了其他三醉网友，尝试把某些茶"越新越香"的可能性说给他们听，但是遭到反对，包括曾以"清泉"来评价好的易武生茶的老严。他们的脑袋，已经被"越陈越香"装满了，不容别人轻易"忽悠"。

不过，在接下来的几年里，云南生普的确在某些方面赢得了新的消费群体。我被告知，这和某些人改变了生普的制作工艺有关，比如，在炒茶（杀青）之前延长茶叶静置的时间，从而获得了如同乌龙茶般的半发酵的效果，结果是茶的香气增强，仿佛香气丰富迷人的乌龙茶一般。有的甚至在炒茶和烘干的环节进一步提香，以求赢得新的顾客，尤其是年轻消费者。不过，这样的做法又受到了力求维护普洱茶传统制作的人士的坚决反对。

"新传统"

在茶桌旁边久坐之余，几位昆明朋友带阿麦四处逛逛。某一天，红土决定带阿麦走走昆明保有精华文化和悠闲感觉的传统街区。我和老李也加入。意想不到的是，游览"传统"街区其实让阿麦和我们突然意识到了，原来普洱茶"传统"的改变和昆明城市发展的变迁路线非常相似。

红土的茶店在翠湖，我们以那里为起点，先绕湖一圈。才走出不久，就看到了若干其他茶店。阿麦建议统计一下附近茶店的数量和类型。我们综合的结果是，环翠湖公园一圈2.5公里，加上公园内，就有三十多家茶店、茶馆。可以大致为分三类：第一类是像红土的比较专业的茶店，主要卖包装好的茶、略兼茶具，客人可以坐下来和主人一起免费试茶，偶尔也有主人的熟客聚集一小堆单独到另一两张茶桌去喝，但是总体空间较小，容纳坐客有限。第二类空间较大，有较多数量的茶桌，可以点一杯或一壶茶，另外还有咖啡、果汁甚至酒水。什么都有，但什么都可能并不怎么正宗，无非是环境设计好，比较能吸引客人，独自看书或与朋友聊天都无不可。这是数量最多的一种类型。第三类数量最少，但是看起来最显眼。首先它们的建筑样式比较惹眼，据说是清末或者至少也是民国时期的老式四合院，通常都有两层，有好几进，被冠名一个听起来比较有文化的名字，诸如"××居"、"××馆"。它们的建筑造型其实和易武的汉式四合院颇为相似，但是经过重新整修，显得更为气派。院里的桌椅用具也是仿古的。中午和晚上可以吃饭，其余时间则可以专门点茶，价格都不菲，还常有古筝伴奏。奉茶的方法、器具等都是精致一派。

翠湖周边是昆明最有休闲气息的地方，所以茶馆茶店较多，都是零售。而昆明另有若干茶叶批发市场，最早的一家出现于2002年，规模最大的一家约有600多家商铺。到2007年的时候，昆明的茶叶批发市场达到9家，据说本来还有四五家待建，但是因为当年普洱茶市场突然萧条而驻足不前。导论亦提过，一项市场调查显示，截至2006年底，昆明的大小茶叶店（含零售、批发、服务等在内）总共加起来达到4000家。

阿麦对昆明茶叶经营的规模和数量感到震惊。他和许多香港人一样，长年并且每日都喝普洱茶，但是他在香港可以去逛的普洱茶店，和昆明相比是有限的。香港比较集中的茶叶销售在上环一带，和海鲜干货及药材市场毗邻，茶叶店加起来总数也不过十几家。大量的普洱茶消费则在香港茶楼一天到晚的餐饮里，川流不息。当阿麦感叹昆明茶店茶馆的数量时，我想起自己在香港时的一段故事。当时我正访问在香港某茶叶公司工作的两位老员工。在办公室里，他们用一把大瓷壶泡了普洱茶招待我。老员工递过一杯茶给我，说很抱歉，没有云南人那么讲究。原来，他不久前去了昆明，看到不少喝茶的地方都是工夫泡法，小壶小盅的。我被他的话逗乐了，自谦说我们云南人也是才学着"讲究"起来，但其实喝普洱茶是向香港等地学习的。阿麦的感叹让我想起老员工那一半是幽默一半是感叹的话，但其实，云南人"讲究"地喝普洱茶，真的不过是最近五到七年才发生的事情。

和 2006 年昆明有大约 4000 家茶馆这个数字相对，半个多世纪以前的另一项调查表明，民国时期昆明茶馆的数量曾经是350 家左右（陈珍琼，2004）。我在昆明的一家书店里找到出具这个调查数字的一本书，名为《茶馆与昆明社会·民国时期社会调查丛编》。书中对具体是民国哪个年代语焉不详，但是关于茶馆类型的划分颇为有趣。第一类是"清饮茶馆"，即以清饮的茶为主，但是允许流动小商贩在此售卖小吃杂食，这类茶馆最多，占总数的 90%；第二类是"播音茶馆"，特色是在茶馆里播放音乐；第三类是"清唱茶馆"，茶馆里有人卖唱；第四类是"说书茶馆"，客人边喝茶边听评书。这在全中国的很多地方都曾十分普遍，最为后人所津津乐道并屡屡出现在电影、电视和画报里。看来四类茶馆的功能都绝不仅止于卖茶，而茶也在解渴之外承载着社交、娱乐、独坐发呆等重要的功能。至于茶馆喝的是什么茶，书中大部分地方都提到是绿茶。普洱茶偶有出现，但是所指不清，大概可以猜出是一种档次不错的绿茶。

老李于 1955 年出生在昆明。他记得很小时候曾经随父亲去过说书茶馆，但那种茶馆到了 60 年代末 70 年代初就突然消失了，原因是"文革"开始，加之同时期的"破四旧"，即破除旧思想、旧文化、旧风俗、旧习惯。茶馆里播音、清唱、说书，显然都被列为旧文化或旧风俗。老李说，即便在茶馆喝茶，那时也被认为是一种奢侈的作风。于是，公共茶馆逐渐消失，喝茶变成了家里或办公室才有的事，而买茶得到国营的小卖铺去。

那里卖的大都是云南的绿茶，种类有限，顶多分炒青、蒸青、烘青。老李的父亲偶尔出差到云南南部的专州县，才有机会买到一些级别较高的绿茶。

到了 70 年代末 80 年代初改革开放以后，传统公共茶馆和茶叶经营有所复苏，老李记得那时昆明商业中心百货大楼附近，有主营茶叶的一家不错的国营店。这也是我可以和老李一起开始对茶叶在昆明的情况有所回忆的时期。我们一致的记忆是，在这个时期，云南人喝得较多的仍然是绿茶，而普洱茶常做成紧压形，是一种云南地方"土特产"的代表，但形象和定义一片模糊。

90 年代早期，一种具有"现代感"的茶室或茶馆逐渐在昆明出现了。西式的沙发、桌椅等开始在茶馆里出现；伴随"播音"的是港台飘过来的流行音乐；除了茶——主要是绿茶，茶馆里还兼卖果汁、冰淇淋，有点类似上述翠湖边的第二种类型的茶馆。这些茶馆常常扎堆在一个街区做生意，年轻人看看这家、逛逛那家。听说当时"说书茶馆"在某些传统街区还留存一二，主要是老人光顾。

20 世纪 90 年代末到 21 世纪初，昆明迎来了新发展。世界园艺博览会于 1999 年在昆明召开，这前后，全市进行了范围较大的道路和环境整治，口号是"建设新昆明"，实现"发展"以及"现代化"。在这一过程中，不少老街区被拆迁，老式茶馆的数量也随之急剧下降。不过有趣的是，有些幸存的原来居家用的老房子突然被某些人意识到了它们存在的价值，通过修缮整饬，摇身一变成为新的"传统茶馆"，就如同上述翠湖边第三类型的喝茶去处。也是与此同时，作为"遗落他乡的名片"的普洱茶（见第三章），被赋予了新的意涵和定义，成为昆明茶馆里的时尚新宠。

霍布斯鲍姆和兰杰（Hobsbawm and Ranger，1983）合编的《传统的发明》一书说明，有些听起来"传统"的东西，可能是新近的发明。他们指出，新与旧经由某种关联，可以被某些人给予灵活的调适性应用，从而实现旧瓶新装。其中一章典型的案例有关苏格兰：一系列已经被普世认为"很苏格兰"的东西，比如花格子呢短裙、风笛，其象征意义是由人为创造的故事编织而成，用以宣称苏格兰民族之区别于其他族群的独特性，但是这些象征的被创造，距离现在其实并不遥远（Trevor-Roper，1983）。霍布斯鲍姆和兰杰用"发明的传统"主要用诸讨论民族主义，但是其中许多案例其实可见民族主义和商业化之间千丝万缕的联系（亦参见潘忠党，2000）。同理，普洱茶的成名附着有一系列的"文化论述"（cultural discourse），论述者在创造"新"的过程中有策略地选择了某些旧的元素。正是通过这些创造性的论述，普洱茶被宣称为云南的地方名片和传统文化代表，消费者被鼓励购买、品饮和储存并再创新的升值空间。在此过程中，普洱茶的商业化变得与地方主义——即便不是完全意义上的民族主义——携手共赢。

昆明新出现的"古典茶馆"无一不在售卖普洱茶。这样的空间及其服务一方面是新型的，然而它们又借用了种种复古的元素；它们的开设也打着"保护古建筑"或"保护传统"的旗号。不过，在昆明及许多城市，对传统的保护和重建往往发生在旧的街区已经被大片拆迁之后，而空间的改造最后带来的是生活方式乃至文化身份认同的连锁反应式变迁（Zhang Li，2006）。普洱茶自流行以来便被誉为"可以喝的古董"，不过光顾"古典茶馆"并坐在里面认真喝茶的人们，却并非老人，而是二三十岁到四五十岁的青年至中年人。于是，改变了形象的茶馆和改变了形象的普洱茶刚好搭在一起，给人以时尚的方式来怀旧，怀旧本身亦在90年代中国的消费革命浪潮下成为"热销商品"（Hsing，2006：478），而消费革命则不仅改变着人们消费的商品类型，同时更催生着新的消费渴望和新的社会网络（Davis，2000：i）。

离开翠湖没走多远，我们和阿麦来到了昆明城市的中轴对称线，一条没有被拆的老街区。这条老街及其附近几条街道现在是步行街，房屋建筑有从清末到民国再到中华人民共和国成立后不同时期所建造的各种类型，沿街一楼大都用作商铺，其中有一片是昆明有名的花鸟鱼虫市场。我们经过时，看到有好大一片被墙围住。最新的消息是，这个花鸟市场即将搬迁，这个街区将被进行新一轮的改造。据说，和1999年园艺世博会前后的改造不同的是，这次不会将整个街区拆迁，而是要保留大多有价值的老房子，重新修缮，开发新的传统文化商业街。

我们在附近找到一家和翠湖边相类似的古典茶馆兼餐馆，请阿麦吃一顿滇味。餐桌设在老式四合院的天井里，如果从更高处俯瞰这个天井，就会看到一个由四周屋檐所围合形成的"口"字（图8.1）。饭前来了一杯熟普，饭后来了一杯生普。饭菜还合阿麦的胃口，但他显然对两个普洱茶毫无兴趣，虽然上菜的服务员宣称这两种普洱茶都是他们菜单里的上品。吃完饭不久，阿麦就请求回红土的店里去继续喝茶。古典茶馆虽然精致，但是阿麦认定，喝茶不能在这种地方。

图 8.1　天井呈"口"字形的老建筑（孙劲峰拍摄）

小结　多重视点

本章以香港朋友阿麦在云南的游历为线索，意在通过细小的民族志折射大的地区间的物资流动和文化变迁，特别是作为产茶地的云南和作为消费地的大珠三角围绕普洱茶而产生的种种互动。

云南人多年来饮食口味的偏好大都固守于"米"，即绿茶或者还没有怎么后发酵的生茶。与之相对，"饭"则包括两种：人工渥堆发酵的熟茶，以及自然长时发酵的老生茶。以云南大叶种制成的较生的普洱茶，在现代交通的快捷便利下到达香港时却遭到拒绝。人工渥堆后发酵也好、长期封存摆放也好，是一种将"生"转"熟"、将"米"变"饭"的尝试。在长时间自然发酵茶可遇而不可求的状况下，人工快速渥堆方法于1973年在云南正式诞生，这本来更多是为了迎合大珠三角消费市场的创举，但后来也成为一部分云南人对普洱茶的认同的代表。从香港获得普洱茶并意识到普洱茶种种潜在价值的台湾人，于20世纪90年代开始到云南茶山探险，并将"越陈越香"的普洱茶概念带到了云南。不过有趣的是，台湾人所提倡的普洱茶，有一种偏于"米"的倾向，虽然其最终目标是为了获得长期自然存放后的老生茶——"饭"之一种。

在此过程中，云南人关于普洱茶的概念、分类，产生了种种曲曲折折的变化。从一开始无所谓什么是普洱茶、普洱茶与云南绿茶不分，到突然接触到人工渥堆发酵的熟茶并以此为普洱茶，再到学习了"越陈越香"的理念、并出于市场考虑将"米"和"饭"都纳入普洱茶范畴……尽管种种摇摆不定、争执不休，普洱茶的价值和形象却是扶摇直上，成为大小茶店茶馆的必备供应。售卖普洱茶的茶馆和昆明城市的整体建构，也在同一时间里几经改造，在新时尚里品味古典，成为都市人的新选择。

彼得斯（John Durham Peters，1997）提出的"双重视点"

（bifocal visions），对本章论点极具启发性。他指出，在现代社会，人们经由双重镜片来看世界：一副镜片是自己的眼睛，可以看到本地，可以看到周遭；另一副镜片则是现代媒体，人们借此看天下大事，全球化进程。云南人看普洱茶同样得透过双重甚至是多重镜片：不仅要从自己作为产茶者的视点来看待普洱茶，还要从大珠三角消费群体的需要，以及从外来启发者、特别是台湾人的眼光来看待普洱茶。为此，云南人通过普洱茶来进行自我文化身份认同的方式也变得重重叠叠：生茶派、熟茶派、生熟派、老生茶干仓派、老生茶湿仓派、勐库派、易武派……众声混杂交织、水火不容，形成了一个焦点不断调适、轮廓不断重绘的普洱江湖。

结语

　　本书追随普洱茶从生产、贸易到消费的链条，讲述了它在21世纪中国被不同人群建构、同时也被解构的现象。建构过程包含了一系列的转换变迁。第一，普洱茶从一种原先相对默默无闻的地方土特产品，摇身一变成为都市消费的时尚新宠，甚至在某些时段出现了"全民皆茶"的商业炒作事件。第二，普洱茶被发展出了以老为美的价值取向：在生产端，人们开始崇尚古树茶，树龄越大的茶树被认为越值钱；在消费端，人们日渐接受"越陈越香"，期待茶叶有朝一日成为"可以喝的古董"。第三，普洱茶的产地云南，其形象从一个神秘和落后的边陲省份，逐渐演变成都市人群所向往消费的"原汁、原味、原生态"的热土。影响和塑造了这三种转变的是第四种变迁，即中国经济社会从20世纪七八十年代以来所发生的巨大转型。普洱茶随经济社会的变迁而崛起，其定义、生产规则和消费方式的波动，又折射着中国经济社会的跌宕起伏，并嵌含着当代中国人对本土和个体身份认同的新的诉求。

　　短时间内建构起来的意义不久即遭遇解构，这使得普洱茶的意涵与规则变得很不稳定。解构的声音与方式多种多样，有的反对普洱茶一概以老为美，力求坚守"新"和"生"的乡土味道；有的反对夸张宣传及过度自我言表，希望将普洱茶拖回到不温不火的中和之道；有的反对品饮忽悠，倡导忠实于自己的身体感官和技能，以感知普洱茶的"真"味；有的反对强硬但措施不完善的管理规则，利用边缘地带，以巧妙方式非直接对抗，转变规则，化解焦愁。

种种的建构与解构、争斗与猜疑、消费陷阱、贸易风险与不确定性，体现了普洱茶的江湖特性。我认为解构的力量尤其值得关注，它们的出现虽然一方面使得普洱茶江湖的风险性和混乱感愈发增高，但另一方面又是一种对既有规则的重要纠正和补充，并且更充分地体现了个体理想和能动性。

普洱茶江湖的复杂，还体现在建构与解构的你来我往和永无休止。不论是建构还是解构的个体，都曾不断呼吁惩治欺诈与混乱、呼唤标准和规则。但与此同时，许多人往往"临阵脱逃"，稍遇阻碍便回归混沌，更宁愿通过自我技能的完善和人际关系的缔结来谋求生存之道。面对混乱和混沌，又不断地有人试图澄清真相，自信有本领还普洱茶一个"最真实"的面目。在此之外，还有人认为存在一个"更更真实"的普洱茶……每个人都可能是建构者，每个人又都可能是解构者和再建构者。有关普洱茶的声音多管齐发，普洱茶的面目变得多元并存。许多人谴责着含糊混乱的多元，又享受着灵活多变的生存法则。普洱茶世界所呈现的这些秩序和策略，为中国特有的文化形态所深刻烙印，并在经济社会转型的时期愈加凸显。

普洱茶市场虽然在 2007 年出现大幅起落，春夏之交的市场滑坡令人对其未来一度充满不确定感，然而，就像一直被猜疑是"泡沫"但却连连上涨的楼市一样，普洱茶价格在 2008、2009 年有所复苏，并于之后开始了新一轮的快速增长。价格涨幅越来越大的是大树茶，台地茶价格则保持相对稳定，而大树茶与台地茶之间的价格差越来越大。仍以易武的毛茶为例，2012 年，当台地茶价格在 80 多元一公斤时，大树茶的价格到了每公斤 600 元甚至 1000 元以上。再之后，即便在大树茶之间，也出现了不同价格档次，到 2019 年及之后，易武大树茶有的卖到 1000 多元，有的在 4000—5000 元，而少数的竟然达到了 1 万乃至 2 万元以上一公斤！

大树茶价格如此惊人地攀高，一方面可以说是经济持续发展之下消费升级与资本炒作两相呼应的一种写照，另一方面则反映了都市人群对健康消费的更高要求，或者说其实是对生态环境的担心和焦虑。普洱茶一早被发展出来的品饮、健康、财富和文化价值论述得到了延伸，并且势头愈加猛烈。而大树茶之所以衍生出更高的价格体系，乃是由于对"纯料古树""单一山头"的过度火热的炒作。所谓"名山名寨"，被一步步细划到了越来越小的地域范围。而每出现一波新的"名山名寨"，茶价就又被带动一次；每一处"名山名寨"真正的大树茶产量都不高，但市场上有名有姓的"纯料古树茶"依旧满天飞！正因如此，不少还在做茶的朋友们不断惊呼和埋怨，普洱茶江湖的竞争越来越激烈，风险越来越高。

最深刻的变化，体现在茶山乡村的生活生计上。今天的易武，凡种茶、做茶的人家，没有不在盖新房的。一家人的新楼房，一两层自己住，一层用作客房，底层和顶层用来做茶，还有一层专门吃饭和喝茶。同时，老式四合院的价值被进一步意识到并加以利用，即便不再用来做茶，其文化展示的功能却在增强。无论新房还是旧宅，家家户户用于喝茶的桌子和茶具都越来越精致。到大城市去打过工又回来的年轻人，把城里学到的茶艺、茶席也带回了家。大家稍出远门必开车，一家可能有两辆甚至更多辆汽车，每一辆都价格不菲。易武主街上开始堵车，若干年前有人的预言不幸成为现实。主街的两边开起了若干家大中型超市，一切应有尽有，而年轻人则更喜欢从淘宝上快递采购。许多易武人，和云南其他茶山的茶农一样，开始了"走出去"的战略，到景洪乃至更远的城市地段买房。

富裕写在易武人的脸上。但是富裕并非没有代价。站到稍高一点的位置四望，就会发现原来到处翠绿的田园和茶山正在被房屋建筑，尤其是越来越多的现代化建筑钢板所遮挡和蚕食。做茶的厂房的屋顶使用的是彩钢板，很容易识别。今天没有多少人再主动谈起 QS，QS 已经从 2018 年起被更改为一种叫作 SC 的质量标准（"生产"的拼音 Sheng Chan 的首位字母的缩写），但是监管目标依旧是精制而非粗制。粗制环节仍旧是八仙过海、各显神通。为了防止掺假，直接收购鲜叶的做法越来越普遍，不少茶商则直接在田间地头不远处建立粗制所。茶叶变成了金子，而为了获得更多的金子，人们辛勤地但是也过度地开垦了自然。茶山的自然生态为越来越多的人所担忧。

当地人本身消费茶叶的方式也已经发生了很大的改变。普洱生茶曾经长时期地占据了易武人还有云南人的口腔味蕾。

2019 年，当我时隔一段时间再次去到易武，看到不少当地人已经在喝存放有五年甚至十年的老茶了。"越陈越香"的概念和做法变得如此深入人心，云南人不仅在商业实践上已经对它笃信不疑，而且正在从口腔、身体以及头脑上去接受它、相信它。

从生茶到熟茶到老茶，从台地茶到大树茶，从混合到单一产地，没有哪一种是与生俱来的好或者坏，对或者错。当代人对普洱茶价值和口味的逐渐接受，可以说是一种渐渐"习得"的过程，是社会和文化发展变迁的结果。就此意义而言，普洱茶没有唯一的"正宗性"。本书与其说是为了澄清什么是"正宗"，不如说是把某种所谓"正宗"的标准是如何被慢慢建立的过程予以呈现。

参考文献

中文参考文献

不净庵.茶生云南.北京：金城出版社，2007.

蔡荣章.茶道入门三篇：制茶、识茶、泡茶.北京：中华书局，2006.

陈椽.茶业通史.北京：农业出版社，1984.

陈椽.茶叶分类.载制茶学，安徽农学院主编.北京：中国农业出版社，1999：14－24.

陈杰.2009.普洱茶四大价值之一.［2020－1－26］https：//wenku.baidu.com/view/8d966819ff00bed5b9f31d55.html.

陈平原.江湖与侠客.载陈平原自选集，陈平原编.桂林：广西师范大学出版社，1997：158－184.

陈兴琰，编.茶树原产地：云南.昆明：云南人民出版社，1994.

陈珍琼.茶馆与昆明社会.载民国时期社会调查丛编（宗教民俗卷），李文海主编.福州：福建教育出版社，2004：465－557.

池宗宪.普洱茶.北京：中国友谊出版社，2005.

CCTV.对话：解读普洱.（2008－1－20）［2008－4－4］http：//www.cctv.com/video/duihua/2008/01/duihua_300_20080121_2.shtml.

CCTV.云南普洱发生 6.4 级地震.（2007a）［2007－7－1］http：//news.cctv.com/special/peearthquake/.

CCTV.疯狂的普洱茶.（2007b）［2020－1－30］http：//jingji.cntv.cn/program/zgcjbd/20100223/101763.shtml.

CCTV.经济半小时：普洱茶泡沫破了.（2007c）［2008－3－5］http：//www.shopyn.com/Article/4536.html.

CCTV.小崔说事：茶话会话茶.（2007d）［2008－1－2］http：//news.cctv.com/society/20071223/101947.shtml.

刀永明.易武县汉族和兄弟民族的交往.载傣族社会历史调查：西双版纳之一，云南省编辑委员会编.昆明：云南民族出版社，1983：60－63.

邓时海.普洱茶.昆明：云南科技出版社，2004.

邓时海，耿建兴.普洱茶·续.昆明：云南科技出版社，2005.

方国瑜.普洱茶.载方国瑜文集：第4辑，林超民编.昆明：云南教育出版社，2001：426－430.

费孝通.乡土中国.北京：北京出版社，2004.

冈仓天心.说茶.张唤民，译.天津：百花文艺出版社，2003.

高发倡.古六大茶山史考.昆明：云南美术出版社，2009.

关剑平.茶与中国文化.北京：人民出版社，2001.

郭宇宽.你喝的普洱茶有多少是真的——从中茶牌经营模式透视普洱茶信誉危机.载新生代，2007a（63）：24－28.

郭宇宽.邹家驹：关于普洱茶的六个无稽之谈.载新生代，2007b（63）：37－39.

国家质量监督检验检疫总局.2008.关于批准对普洱茶实施标志产品保护的公告.普洱（12月刊）.2008（15）.

何景成.从香港市场角度看普洱茶分类.载2002中国普洱茶国际学术研讨会论文集，苏芳华编.昆明：云南人民出版社，2002.

黄安希.乐饮四季茶：一位日本茶人眼中的中国茶.孙晓艳，译.北京：生活·读书·新知三联书店，2004.

黄桂枢.普洱茶文化大观.昆明：云南民族出版社，2005.

黄雁，杨志坚.王者归来：从故宫到普洱.普洱特刊（4月），2007，14－17.

计成.园冶.倪泰一，译注.重庆：重庆出版社，2018.

蒋铨.古六大茶山访问记.载普洱茶经典文选，王美津编.昆明：云南美术出版社，2006：33－47.

京华时报.云南马帮行走5个月，166年后重访京城.（2005a）http：//news.sina.com.cn/c/2005－10－11/01587132909s.shtml.

京华时报.5斤马帮普洱茶拍出160万.（2005b）http：//finance.sina.com.cn/money/collection/zaxiang/20051016/09112036526.shtm.

雷平阳.普洱茶记.昆明：云南民族出版社，2000.

李东然.《龙门飞甲》，徐克的3D武侠电影.三联生活周刊，2012（2）

［2023‐10‐11］https：//old.lifeweek.com.cn/2012/0105/36162_3.shtml.

李拂一.佛海茶业概况.雷平阳.普洱茶记.昆明：云南民族出版社，2000：57‐71.

李全敏.认同，关系与不同：中缅边境一个孟高棉语群有关茶叶的社会生活.昆明：云南大学出版社，2011.

林超民.普洱茶散论.载普洱茶经典文选，王美津主编.昆明：云南美术出版社，2006：43‐68.

刘敏江.易武商业资本的特点.载傣族社会历史调查：西双版纳之一，云南省编辑委员会编.昆明：云南民族出版社，1983：57‐61.

刘勤晋.中国普洱茶之科学读本.广州：广东旅游出版社，2005.

刘延武，编著.中国江湖隐语辞典.北京：中国社会科学出版社，2003.

鲁明.警惕给普洱茶抹黑的手.春城晚报，2007‐7‐9.

陆羽.茶经.北京：中国工人出版社，2003.

罗群.近代云南商人与商人资本.昆明：云南大学出版社，2004.

马健雄.哀牢山腹地的族群政治：清中前期"改土归流"与"倮黑"的兴起.中研院历史语言研究所集刊，2007，78（3）：553‐600.

马益华.普洱茶：曾遗落他乡的"名片".（2006）［2019‐8‐19］https：//finance.sina.com.cn/roll/20060622/1003759318.shtml.

勐腊县志编纂委员会，编著.勐腊县志.昆明：云南人民出版社，1994.

木霁弘等.滇藏川"大三角"文化探秘.昆明：云南大学出版社，1992.

木霁弘.茶马古道上的民族文化.昆明：云南民族出版社，2003.

木霁弘.普洱茶.北京：中国轻工业出版社，2005.

倪蜕.滇云历年传（卷十二）.载中国茶叶历史资料选辑，陈祖槼、朱自振编.北京：农业出版社，1981：593‐594.

欧时昌，黄燕群，主编.评茶与检验.北京：中国农业大学出版社，2017.

潘忠党.历史叙事及其建构中的秩序：以我国传媒报道香港回归为例.陶东风、金元浦、高丙中编.文化研究，2000（1）：221‐238.

普洱.北回归线上的回归.普洱特刊（4月），2007a，4‐5.

普洱.普洱大事记.普洱特刊（4月），2007b，43.

普洱茶周刊.来自云南的声音：普洱茶现状之正本清源大型座谈会在昆召开.普洱茶周刊，2007a（53）.

普洱茶周刊.普洱茶证明商标使用管理规则.普洱茶周刊，2007b（65）.

普洱茶周刊."正本清源、实话实说普洱茶"活动正式启动.普洱茶周刊，

2007c（65‐72）.

普洱茶周刊.中国"茶叶概念股"背后的资本游戏.普洱茶周刊，2007d（59）.

阮殿蓉.六大茶山.北京：中国轻工业出版社，2005a.

阮殿蓉.我的人文普洱.昆明：云南人民出版社，2005b.

阮福.普洱茶记.载中国茶叶历史资料选辑，陈祖槼、朱自振编.北京：农业出版社，1981：396‐397.

邵宛芳.清宫贡茶品饮记.普洱，2007，3（6）：100‐103.

沈冬梅.茶与宋代社会生活.北京：中国社会科学出版社，2007.

石昆牧.经典普洱.北京：同心出版社，2005.

史军超，编.哈尼族文化大观.昆明：云南民族出版社，1999.

司马迁.史记.上海：上海古籍出版社，2011.

思茅地区地方志编纂委员会，编.思茅地区志.昆明：云南民族出版社，1996.

苏芳华.弘扬普洱茶文化、让更多的人喜爱普洱茶.载 2002 中国普洱茶国际学术研讨会论文集，苏芳华编.昆明：云南人民出版社，2002：48‐58.

檀萃.滇海虞衡志.载中国茶叶历史资料选辑，陈祖槼、朱自振编.北京：农业出版社，1981：387.

唐建光，郇丽，王寻.普洱的盛世危言.中国新闻周刊，2007a，325（19）：24‐25.

唐建光，郇丽，王寻.政府的角色.中国新闻周刊，2007b，325（19）：30‐33.

王铭铭.心与物游.桂林：广西师范大学出版社，2006：69‐85.

王学泰.中国饮食文化史.桂林：广西师范大学出版社，2006.

王寻.普洱茶是否神奇.中国新闻周刊，2007，325（19）：31.

巫仁恕.品味奢华：晚明的消费社会与士大夫.台北：联经出版公司，2012.

吴文光.江湖（纪录片）.150 分钟.1999.

谢肇淛.滇略（卷三）.载普洱茶经典文选，王美津编.昆明：云南美术出版社，2005：3.

解致璋.清香流动：品茶的游戏，台北：远流出版社，2008.

新境.万里茶马古道十月走进尼泊尔.［2006‐9‐10］http://www.5caishi.com/Get/yjnews/08181566.htm.

徐亚和.解读普洱：最新普洱茶百问百答.昆明：云南美术出版社，2006.

杨东甫，杨骥，编著.中国古代茶学全书.桂林：广西师范大学出版社，
　　2011.

杨海潮.茶文化初传藏区的时间与空间之语言学考证.青海民族研究，
　　2010，3：111–115.

姚遥，郭宇宽.普洱茶调戏 3000 万中国富人.载新生代，2007（63）：16–23.

易武乡政府.易武古镇建设和茶叶发展的思路措施.易武乡政府资料.2007.

易武镇政府.易武镇情况.易武镇政府资料.2019.

余英时.中国文化史通释.北京：生活·读书·新知三联书店，2012.

云南广播电视报.云南影视崛起.云南广播电视报，2005–2–23.

云南日报.茶是藏胞心中的云南印象.（2006a）［2006–9–10］http：//
　　www.5caishi.com/Get/yjnews/08181566.htm.

云南日报.哥德堡号与普洱茶.（2006b）［2006–2–2］http：//www.yndaily.
　　com/ihtml/yndaily/TXTPA＿GDB06.html.

云南日报.昆明：普洱茶再创辉煌的集散地.（2006c）［2006–10–10］
　　http：//paper.yunnan.cn/html/20061209/news＿92＿33061.html.

云南省茶叶进出口公司.云南省茶叶进出口公司志 1938—1990 年.昆明：
　　云南人民出版社，1993.

曾至贤.方圆之缘：深探紧压茶世界.（2006）［2010–10–10］https：//
　　shihkmhc.pixnet.net/blog/post/256268015–.

詹英佩.中国普洱茶古六大茶山.昆明：云南美术出版社，2006.

詹英佩.普洱茶原产地西双版纳.昆明：云南科技出版社，2007.

张泓.滇南新语.载中国茶叶历史资料选辑，陈祖槼、朱自振编.北京：农
　　业出版社，1998：369.

张静红.流动、聚合与区隔：台湾茶艺发展中的矛盾和动力.台湾人类学
　　刊，2016，14（1）：55–87.

张静红.工夫茶遗产的边缘化和游动性.遗产，2019（1）：293–311.

张顺高，苏芳华，编.中国普洱茶百科全书（产业卷）.昆明：云南科技出
　　版社，2007.

张毅.古六大茶山纪实.昆明：云南民族出版社，2006a.

张毅.中国普洱茶古六大茶山的过去和现在.载普洱茶经典文选，王美津
　　编.昆明：云南美术出版社，2006b：69–80.

赵春洲，张顺高，编.版纳文史资料（选辑 4）.昆明：中国人民政治协商
　　会议西双版纳傣族自治州委员会文史资料委员会，1988.

赵志淳.《普洱府志》茶叶集解.载版纳文史资料（选辑4），赵春洲、张顺高编.昆明：中国人民政治协商会议西双版纳傣族自治州委员会文史资料委员会，1988.

郑永军.百年回归的壮举.普洱特刊（4月），2007，8-9.

周红杰，编.云南普洱茶.昆明：云南科技出版社，2004.

周红杰，编.普洱茶健康之道.西安：陕西人民出版社，2007.

朱斯坤，李音.2006.彩云之南的"文化牌".中国报道，2006（9）：14-19.

朱自振，编著.茶史初探.北京：中国农业出版社，1996.

邹家驹.漫话普洱茶.昆明：云南民族出版社，2004.

邹家驹.漫话普洱茶：金戈铁马大叶茶.昆明：云南美术出版社，2005.

英文参考文献

Anderson，Eugene N. 1980. Heating and cooling foods in Hong Kong and Taiwan. *Social Science Information* 19（2）：237-268.

———. 1988. *The Food of China*. New Haven：Yale University Press.

Appadurai，Arjun. 1986. Introduction：commodities and the politics of value. In *The Social Life of Things: Commodities in Cultural Perspective*, edited by Arjun Appadurai. 3-63. Cambridge；New York：Cambridge University Press.

———. 1988. How to make a national cuisine：cookbooks in contemporary India. *Comparative Studies in Society and History* 30（1）：3-24.

———. 1996. *Modernity at Large: Cultural Dimensions of Globalization*. Minneapolis；University of Minnesota Press.

Ashkenazi，Michael，and Jeanne Jacob. 2000. *The Essence of Japanese Cuisine: An Essay on Food and Culture*. Philadelphia：University of Pennsylvania Press.

Baildon，Samuel. 1877. *Tea in Assam*. Calcutta：W. Newman and Co. of Calcutta.

Barham，Elizabeth. 2003. Translating terroir：the global challenge of French AOC labeling. *Journal of Rural Studies* 19（1）：127-138.

Baumann, Gerd. 1992. Ritual implicates 'others': rereading Durkheim in a plural society. In *Understanding Rituals*, edited by Daniel de Coppet. 96‑116. London and New York: Routledge.

Benjamin, Walter. 1999 [1936]. The work of art in the age of mechanical reproduction. In *Visual Culture: The Reader*, edited by Jessica Evans and Stuart Hall, 72‑79. London: Sage.

Benn, James A. 2005. Buddhism, alcohol, and tea in medieval China. In *Of Tripod and Palate: Food, Politics and Religion in Traditional China*, edited by Roel Sterckx. 213‑236. New York: Palgrave Macmillan.

Bloch, Maurice. 1998. *How We Think They Think*. Boulder: Westview Press.

Bourdieu, Pierre. 1984. *Distinction: A Social Critique of the Judgement of Taste*. Translated by Richard Nice. London: Routledge & Kegan Paul.

———. 1989. Social space and symbolic power. *Sociological Theory* 7: 14‑25.

Brook, Timothy. 1998. *The Confusions of Pleasure: Commerce and Culture in Ming China*. Berkeley: University of California Press.

Clunas, Craig. 1991. *Superfluous Things: Material Culture and Social Status in Early Modern China*. Cambridge: Polity Press.

Colquhoun, Archibald R. 1900. *The 'Overland' to China*. London and New York: Harper and Brothers.

Counihan, Carole, and Steven L. Kaplan. 1998. *Food and Gender: Identity and Power*. Amsterdam: Harwood Academic Publishers.

Davis, Deborah. 2000. *The Consumer Revolution in Urban China*. Berkeley: University of California Press.

Dilley, Roy. 2004. The visibility and invisibility of production among Senegalese craftsmen. *Journal of Royal Anthropological Institute* 10 (4): 797‑813.

Etherington, Dan M., and Keith Forster. 1993. *Green Gold: the Political Economy of China's Post‑1949 Tea Industry*. Hong Kong; New York: Oxford University Press.

Farquhar, Judith. 2002. *Appetites: Food and Sex in Post-socialist China*.

Durham, NC: Duke University Press.

Feeley-Harnik, Gillian. 1995. Religion and food: an anthropological perspective. *Journal of the American Academy of Religion* 63: 565 – 582.

Ferguson, Priscilla Parkhurst. 1998. A cultural field in the making gastronomy in 19th – Century France. *The American Journal of Sociology* 104 (3): 597 – 641.

Forbes, Andrew D. W. 1987. The 'Cin-Ho' (Yunnanese Chinese) caravan trade with north Thailand during the late nineteenth and early twentieth centuries. *Journal of Asian History* 27: 1 – 47.

Germann-Molz, Jennie. 2004. Tasting an imagined Thailand: authenticity and culinary tourism in Thai restaurants. In *Culinary Tourism*, edited by Lucy M. Long. Kentucky: The University of Kentucky.

Gerth, Karl. 2010. *When China Goes, So Goes the World: How Chinese Consumers are Transforming Everything*. New York: Hill & Wang.

Giddens, Anthony. 1979. *Central Problems in Social Theory: Action, Structure and Contradiction in Social Analysis*. London: Macmillan.

Giersch, C. Patterson. 2006. *Asian Borderlands: the Transformation of Qing China's Yunnan Frontier*. Cambridge, Massachusetts: Harvard University Press.

Goodwin, Jason. 1993. *The Gunpower Gardens*. London: Vintage.

Goody, Jack. 1982. *Cooking, Cuisine, and Class: A Study in Comparative Sociology*. Cambridge: Cambridge University Press.

Guy, Kolleen M. 2003. *When Champagne Became French: Wine and the Making of a National Identity*. Baltimore: Johns Hopkins University Press.

Hamm, John Christopher. 2005. *Paper Swordsmen: Jin Yong and the Modern Chinese Martial Arts Novel*. Honolulu: University of Hawai'i Press.

Handler, Richard. 1986. Authenticity. *Anthropology Today* 2 (1): 2 – 4.

Harvey, David. 1989. *The Condition of Postmodernity: An Inquiry into the Origins of Cultural Change*. Cambridge: Basil Blackwell.

Haverluk, Terrence W. 2002. Chile peppers and identity construction in Pueble, Colorado. *Journal for the Study of Food and Society* 6 (1): 45 – 59.

Heldke，L. 2005. But is it authentic? culinary travel and the search for the 'genuine article'. In *The Taste Culture Reader: Experiencing Food and Drink*, edited by Korsmeyer C. Oxford：Berg.

Hill，Ann Maxwell. 1989. Chinese dominance of the Xishuangbanna tea trade：an interregional perspective. *Modern China* 15（3）：321‑345.

———. 1998. *Merchants and Migrants: Ethnicity and Trade among Yunnanese Chinese in Southeast Asia*. New Haven；Connecticut：Yale University Southeast Asia Studies.

Hillman，Ben. 2003. Paradise under construction：minorities，myths and modernity in northwest Yunnan. *Asian Ethnicity* 4（2）：175‑188.

Hilton，James. 1939. *Lost Horizon*. New York：William Morrow.

Hinsch，Bret. 2016. *The Rise of Tea Culture in China: The Invention of the Invidual*. Lanham，Boulder，New York and London：Rowman & Littlefield.

Hobsbawm，Eric. 1983. Introduction：Inventing Traditions. In *The Invention of Tradition*, edited by Eric Hobsbawm and Terence Ranger. 1‑14. Cambridge Cambridgeshire；New York：Cambridge University Press.

Howes，David，and Marc Lalonde. 1991. "The History of Sensibilities of the Standard of Taste in Mid-eighteenth Century England and the Circulation of Smells in Post-revolutionary France." *Dialectical Anthropology* 16：125‑135.

Hsing You-Tien. 2006. Comment on Zhang Li's 'Contesting spatial modernity in late-socialist China'. *Current Anthropology* 47（3）：478.

Hsü Ching-wen. 2005. *Consuming Taiwan*. Ph.D Thesis. University of Washington. Washington.

Ivy，Marilyn. 1995. *Discourses of the Vanishing: Modernity，Phantasm，Japan*. Chicago：University of Chicago Press.

Jameson，F. 1983. Nostalgia for the present. *South Atlantic Quarterly* 88（2）：517‑537.

Jones，Mark，Paul Craddock，and Nicolas Barker，eds. 1990. *Fake? The Art of Deception*. Berkeley and Los Angeles：University of California Press.

Kopytoff, Igor. 1986. The cultural biography of things. In *The Social life of Things: Commodities in Cultural Perspective*, edited by Arjun Appadurai. 64 – 91. Cambridge; New York: Cambridge University Press.

Kyllo, Jeffrey Alexander. 2007. Sichuan Pepper: the Roles of a Spice in the Changing Political Economy of China's Sichuan Province. B. A. Thesis, Henry M. Jackson School of International Studies, University of Washington, Washington.

Latham, Kevin, Stuart Thompson, and Jakob Klein, eds. 2006. *Consuming China: Approaches to Cultural Change in Contemporary China*. London and New York: Routledge.

Leach, Edmund. 1970. *Claude Lévi-strauss*. New York: Viking.

Lévi-Strauss, Claude. 1970. *The Raw and the Cooked*. London: Jonathon Cape.

———. 2008. The culinary triangle. In *Food and Culture: A Reader*, edited by Carole Counihan and Penny Van Esterik. 36 – 44. New York: Routledge.

Liu, James J. Y. 1967. *The Chinese Knight-errant*. London: Routledge and Kegan Paul.

Lowenthal, David. 1985. *The Past is a Foreign Country*. Cambridge; New York; Melbourne: Cambridge University Press.

Macfarlane, Alan, and Iris Macfarlane. 2003. *Green Gold: The Empire of Tea*. London: Ebury Press.

Mair, Victor H., and Erling Hoh. 2009. *The True History of Tea*. London: Thames and Hudson.

Mauss, Marcel. 1954. The Gift: Foms and Functions of Exchange in Archaic Societies. London: Routledge and Kegan Paul.

Miller, Daniel. 1997. *Material Cultures: Why Some Things Matter*. Chicago: University of Chicago Press.

Minford, John. 1997. *General Glossary of Terms*. In *The Deer and the Cauldron: A Martial Arts Novel*. Written by Jin Yong, translated and edited by John Minford. xxv – xxxi. New York: Oxford University Press.

Mintz, Sidney Wilfred. 1985. Sweetness and Power: the Place of Sugar in Modern History. New York: Viking.

———. 1996. *Tasting Food, Tasting Freedom: Excursions into Eating, Culture, and the Past*. Boston: Beacon Press.

Notar, Beth E. 2006a. Authenticity anxiety and counterfeit confidence: outsourcing souvenirs, changing money, and narrating value in Reform-era China. *Modern China* 32 (1): 64 - 98.

———. 2006b. *Displacing Desire: Travel and Popular Culture in China*. Honolulu: University of Hawai'i Press.

Oakes, Tim, and Louisa Schein. 2006. Translocal China: an introduction. In *Translocal China: Linkages, Identities, and the Reimagining of Space*, edited by Tim Oakes and Louisa Schein. 1 - 35. London and New York: Routledge.

Ohnuki-Tierney, Emiko. 1993. *Rice as Self: Japanese Identities Through Time*. Princeton, N.J.: Princeton University Press.

Ortner, Sherry B. 2006. *Anthropology and Social Theory: Culture, Power, and the Acting Subject*. Durham: Duke University Press.

Ozeki, Erino. 2008. Fermented soybean products and Japanese standard taste. In *The World of Soy*, edited by Christine M. Du Bois, Chee-Beng Tan and Sidney W. Mintz. 144 - 160. Singapore: NUS Press.

Peters, John Durham. 1997. Seeing bifocally: media, place, culture. In *Culture, Power, Place: Explorations in Critical Anthropology*, edited by Akhil Gupta and James Ferguson. 75 - 92. Durham and London: Duke University.

Prasertkul, Chiranan. 1989. *Yunnan Trade in the Nineteenth Century: Southwest China's Cross-Bounderies Functional System*. Bangkok: Institute of Asian Studies Chulalongkorn University.

Pratt, Jeff. 2014. Food values: the local and the authentic. Critique of Anthropology 27 (3): 285 - 300.

Scott, James C. 1985. *Weapons of the Weak: Everyday Forms of Peasant Resistance*. New Haven: Yale University Press.

———. 2009. *The Art of Not Being Governed: An Anarchist History of Upland Southeast Asia*. New Haven: Yale University Press.

Seremetakis, C. Nadia. 1994. *The Senses Still: Perception and Memory as Material Culture in Modernity*. Boulder: Westview Press.

Sterckx, Roel, ed. 2005. *Of Tripod and Palate: Food, Politics and Religion in Traditional China*. New York: Palgrave Macmillan.

Su Heng-an. 2004. *Culinary Arts in Late Ming China: Refinement, Secularization and Nourishment*. Taipei: SMC Publishing Inc.

Sutton, David. 2001. *Remembrance of Repasts: An Anthropology of Food and Memory*. Oxford: Berg.

Talbot, John M. 2004. *Grounds for Agreement: the Political Economy of the Coffee Commodity Chain*. Lanham, Boulder, New York, Toronto, Oxford: Rowman & Littlefield Publishers, Inc.

Tam, Siumi Maria. 2002. Heunggongyan forever: immigrant life and Hong Kong style. Yumcha in Australia. In *The Globalization of Chinese Food*, edited by David Y. H. Wu and Sidney C. H. Cheung. 131 - 151. Honolulu: University of Hawai'i Press.

Tapp, Nicholas. 2003. Exiles and reunion: nostalgia among overseas Hmong (Miao). In Living with Separation in China: Anthropological Accounts, edited by Charles Stafford, 57 - 75. London: Routledge and Curzon.

Terrio, Susan J. 2005. Crafting grand cru chocolates in contemporary France. In *The Cultural Politics of Food and Eating: A Reader*, edited by James L. Watson and Melissa L. Caldwell. 144 - 162. Malden, MA: Blackwell.

Toomey, Paul Michael. 1994. Introduction: the inquiry and its context. In *Food from the Mouth of Krishna: Feasts and Festivals in a North Indian Pilgrimage Centre*, edited by Paul Michael Toomey. Delhi: Hindustan Publishing Corp.

Trevor-Roper, Hugh. 1983. The invention of tradition: the highland tradition of Scotland. In *The Invention of Tradition*, edited by Eric Hobsbawm and Terence Ranger. 15 - 42. Cambridge Cambridgeshire; New York: Cambridge University Press.

Trilling, Lionel. 1974. *Sincerity and Authenticity*. London: Oxford University Press.

Ukers，William. H. 1935. *All about Tea*. 2 vols. New York：Tea and Coffee Trade Journal Co.

Ulin，Robert C. 1996. *Vintages and Ttraditions: An Ethnohistory of Southwest French Wine Cooperatives*. Washington，D.C.：Smithsonian Institution Press.

Veblen，Thorstein. 2006. *Conspicuous Consumption: Theory of the Leisure Class*. New York：Penguin Books.

Watson，James L. 1997. *Golden Arches East: McDonald's in East Asia*. Stanford，California：Stanford University Press.

Wu，David Y. H.，and Sidney C. H. Cheung，eds. 2002. *The Globalization of Chinese Food*. Honolulu：University of Hawai'i Press.

Wu，David Y. H.，and Tan Chee Beng. 2001. *Changing Chinese Foodways in Asia*. Hong Kong：Chinese University Press.

Xu Jianchu. 2007. Rattan and tea-based intensification of shifting cultivation by Hani farmers in southwestern China. In *Voices from the Forest: Integrating Indigenous Knowledge into Sustainable Upland Farming*，edited by Malcolm Cairns. 667–675. Washington，DC：Resources for the Future.

Yang Bin. 2004. Horses，silver，and cowries：Yunnan in global perspective. *Journal of World History* 15（3）.

Yang，Mayfair. 1988. The Modernity of Power in the Chinese Socialist Order. *Cultural Anthropology* 3（4，November）：408–426.

———. 1989. The Gift Economy and State Power in China. *Comparative Studies in Society & History* 31（1）：25–54

———. 1994. *Gifts，Favors，and Banquets: The Art of Social Relationships in China*. Ithaca：Cornell University Press.

Yu，LiAnne. 2014. *Consumption in China: How China's New Consumer Ideology Is Shaping the Nation*. Cambridge：Polity Press.

Yu Shuenn-Der. 2010. Materiality，stimulants and the Puer tea fad. *Journal of Chinese Dietary Culture* 6（1）：107–142.

Zhang Li. 2006. Contesting spatial modernity in late-socialist China. *Current Anthropology* 47（3）：461–484.

Zheng，Jing. 2004. The re-importation of Cha Yi Guan Teahouses into contemporary China from Taiwan：cultural flows and the development of a public sphere. In *Rogue Flows: Trans-Asian Cultural Traffic*. eds. Koichi Iwabuchi，Stephen Muecke and Mandy Thomas. 197 - 220. Hong Kong：Hong Kong University Press.